K-뷰티메이크업

K-Beauty Makeup

메이크업 이론 | 메이크업 실기

구민사

안나현

- 서경대학교 미용예술학과 일반대학원 메이크업 전공 박사 졸업
- 진로길잡이 교육센터 대표(www.jinrogil.com)
- 엄지메이크업 대표

안서영

- 세종대학교 패션디자인학과 예술학 박사
- 대한미용학회 이사
- 한국뷰티경영학회 이사
- 유원대학교 뷰티케어학과 교수

K-뷰티메이크업

초 판 인 쇄 | 2022년 8월 22일
초 판 발 행 | 2022년 8월 31일

저 자 | 안나현 · 안서영
발 행 인 | 조규백
발 행 처 | 도서출판 구민사
(07293) 서울시 영등포구 문래북로 116, 604호(문래동 3가 46, 트리플렉스)
전 화 | (02) 701-7421~2
팩 스 | (02) 3273-9642
홈 페 이 지 | www.kuhminsa.co.kr
신 고 번 호 | 제2012-000055호(1980년 2월 4일)

I S B N | 979-11-6875-088-3 (13500)
정 가 | 18,000원

머리말

이 책은 뷰티메이크업으로 기초메이크업과 응용메이크업에 대한 이론과 실기를 병행할 수 있도록 구성되어 있습니다.

메이크업 이론은 메이크업의 역사, 재료, 기초화장품, 베이스메이크업, 색조메이크업이고,
메이크업 실기는 기초 메이크업과 응용 메이크업으로 손쉽게 접근할 수 있도록 하여 메이크업을 전공하는 학생들에게 도움이 되고자 합니다.

저자는 나름대로 최선을 다했지만, 분명 미흡한 부분이 있기에 독자 여러분들의 조언과 격려를 받아들여 추후에 좀 더 알 찬 내용으로 발전해 나가도록 노력할 것을 약속드립니다.

이 책의 출판을 위해 적극적으로 도움주신 도서출판 구민사 조규백 대표님과 직원 여러분께 깊은 감사를 드립니다.

저자씀

목차

Part 1. 메이크업 이론

Part 2. 메이크업 실기

K-뷰티메이크업

안나현 · 안서영

구민사

Part 1

메이크업 이론

K - BEAUTY MAKE UP

K - BEAUTY MAKE UP

Chapter

1. 위생관리

메이크업 위생관리란 고객에게 위생적인 서비스를 제공하기 위해 작업자의 위생관리를 포함한 메이크업 시설, 재료, 도구, 기기 등을 청결히 하여 위생적으로 사용할 수 있도록 관리 · 점검할 수 있는 능력이다.

1) 메이크업 위생관리

(1) 메이크업 시설, 설비 및 도구와 기기 등을 소독하거나 먼지를 제거한다.

(2) 상담실, 제품보관실, 메이크업 작업 환경을 청결하게 청소한다.

(3) 상담실, 제품보관실, 메이크업 작업 환경의 실내공기를 환기시킨다.

(4) 메이크업 시행에 필요한 도구관리 체크리스트를 만든다.

(5) 메이크업 도구관리 체크리스트에 따라 사전점검 작업을 실시한다.

2) 메이크업 재료 및 도구 위생관리

(1) 메이크업 재료, 도구, 기기 위생과 청결을 위한 소독이다.

(2) 브러쉬 모질에 맞는 세척, 세제 구분과 건조방법이다.

(3) 재료 및 도구 위생을 위한 주기적인 소독 작업이다.

(4) 도구 및 재료, 제품관리, 보관이 적극적이다.

(5) 도구 및 재료, 제품작업 동선에 맞게 정돈한다.

3) 작업자 위생관리

(1) 구취와 체취를 수시로 점검하여 청결을 유지한다.

(2) 작업 전과 후 단계별 손소독을 실시한다.

(3) 작업의 능률과 안전성을 고려해 높은 굽의 신발, 과한 노출 자제로 복장을 청결히 한다.

(4) 서비스 종사자는 주기적인 건강관리를 위해 연 1회 건강 검진한다.

(5) 고객위생과 관련한 감염관리 지침개발과 예방교육을 한다.

Chapter

2. 메이크업의 이해

1) 메이크업의 정의

(1) '완성시키다. 보완하다. 제작하다'라는 사전적 의미가 있다.

(2) 콘셉트에 따라 얼굴이나 신체를 화장하는 일이다.

(3) 얼굴의 결점을 보완한다.

(4) 아름답게 보이고자 꾸미는 행위이다.

(5) 개성으로 표현하는 이미지 메이크업이다.

첫째, 얼굴 윤곽을 강조하거나 카메라에 적절한 피부색으로 만들기 위한 메이크업이다.
둘째, 여러 가지 신체적인 결함을 눈에 띄지 않게 하는 수정 메이크업이다.
셋째, 노인, 바보, 괴물 등 극중 인물의 성격에 맞는 형상을 만드는 성격 메이크업이다.

2) 메이크업의 기능

- 보호적 기능 : 외부먼지, 자외선, 대기오염, 온도 등 외부환경 변화로부터 피부 보호한다.
- 미화적 기능 : 얼굴 및 신체 외형에 대해 장점을 부각시키고 단점을 보완하여 아름다움을 추구한다.
- 사회적 기능 : 사회적 지위, 직업, 신분, 예의, 관습 등을 표시하거나 의사전달을 한다.
- 심리적 기능 : 외모에 자신감을 부여하여 심리적으로 긍정적인 효과를 부여한다.

3) 메이크업의 기원

(1) **장식설** : 신체에 장식하는 방법으로 피부에 상처를 내어 장식하는 상흔과 피부 조직에 염료를 넣어 영구적으로 장식하였다.

그림 2-1

그림 2-2

그림 2-3

그림 2-4

(2) **보호설** : 곤충, 동물, 태양, 기후나 적으로부터 보호하기 위해 진흙이나 특수한 물질을 발라 신체를 보호하였다.

그림 2-5

그림 2-6

그림 2-7

그림 2-8

그림 2-9

(3) **종교설** : 악령이나 잡귀, 악마로부터 자신과 부족의 심리적 보호와 병으로부터 보호받기 위해 얼굴이나 신체에 안료나 진흙으로 채색하였다.

그림 2-10

그림 2-11

(4) **신분표시설** : 자신의 신분을 나타나기 위해 신체에 장식을 하여 소속집단을 표현하고 타집단과 경계하였다.

그림 2-12

(5) 이성유인설 : 아름다움을 가꾸기 위한 미용술이 이성이나 타인의 관심을 끌기 위한 수단으로 시작하였다.

그림 2-13

4) 메이크업의 분류

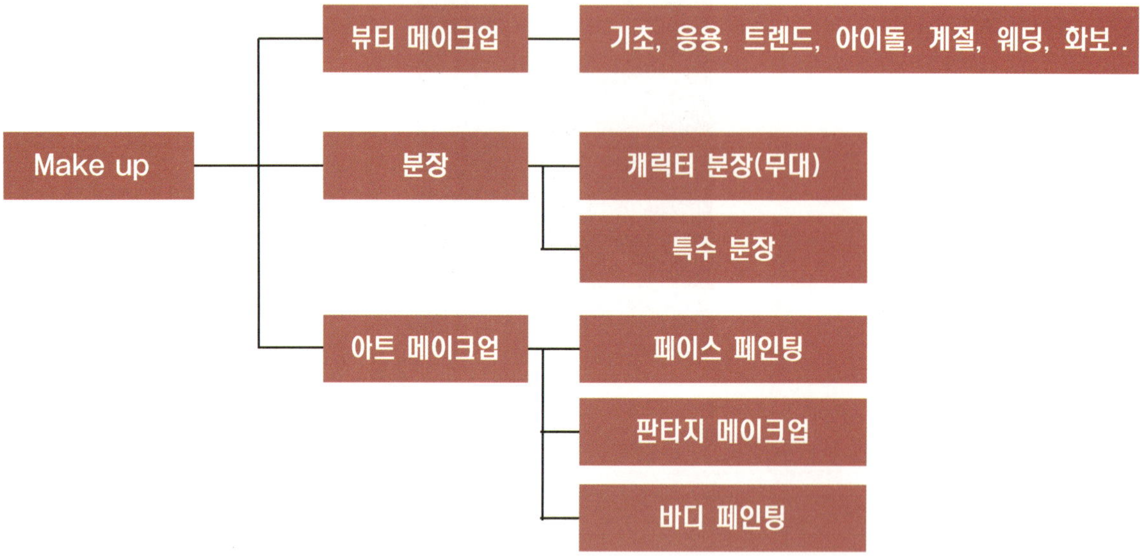

5) 메이크업의 특징

(1) **통일감** : 일관성을 유지한다.

(2) **조화** : T.P.O에 따른 헤어, 패션 등 전체 이미지와의 조화이다.

(3) **대비** : 색상, 명도, 채도를 이용한 색의 대비효과이다.

(4) **대칭** : 눈썹, 눈화장, 입술, 볼터치의 좌우 균형이다.

(5) **그라데이션** : 밝고 어둠의 변화된 농도를 단계적으로 조절한다.

(6) **입체감** : 색조화장에 따른 선과 면을 강조한다.

6) 메이크업 아티스트의 자세

- 다리는 어깨 넓이로 적당히 벌린다.
- 고객의 신체를 최대한 터치하지 않는다.
- 손짓으로 방향을 지시하지 않는다.
- 과도한 언행을 삼간다.

7) 메이크업의 노하우

- 트렌드를 파악한다.
- 다양한 제품의 종류와 특징을 익힌다.
- 컬러 배색과 조색 방법을 알 수 있다.
- 이론과 스킬을 배운다.

8) 성공적 메이크업

(1) 메이크업 준비

- 예약 등을 사전에 확인한다.
- 제품과 도구 준비 및 소독을 한다.
- 고객의 need를 파악한다.
  : 피부톤, 나이, 목적, 선호스타일 등 메이크업 의도를 설명한다.

(2) 메이크업 마무리

- 고객에게 메이크업의 결과물 설명한다.
- 반응을 파악한다.
- 수정 · 보완한다.

Chapter

3. 메이크업의 역사

1) 한국 메이크업의 역사

(1) 고조선 시대

– 쑥 : 목욕 시 미백효과와 잡티제거
– 마늘 : 미백효과
– 돼지기름 사용(피부보호)

(2) 삼국시대

① 고구려

– 쌍영총 고분벽화를 통해 화장형태를 엿볼 수 있다.
– 눈썹은 넓은 곡선형
– 연지곤지 화장(쌍영총 고분벽화의 여인상, 삼국사기)

그림 3-1 쌍영총 고분벽화의 여인상

② 백제

– 시분무주 : 분을 바르되 연지는 바르지 않는 화장법
– 엷고 은은한 화장을 즐김
– 화장법과 화장품 제조술을 일본에 전파할 정도로 높은 수준이었다.

③ 신라

– 영육일치사상 : 아름다운 육체에 아름다운 정신이 깃든다는 사상

– 화려한 화랑과 불교의 영향

- 남자 화랑 : 목걸이, 귀걸이 등을 치장하고 화장을 함
- 불교가 전래되어 목욕재계로 몸을 청결히 하고자 함
- 쑥탕, 쌀겨탕 등을 다양하게 즐기기도 함
- 향을 널리 사용

– 세제역할의 조두, 분화장의 백분

- 팥, 녹두, 쌀겨 등으로 세제를 만들어 사용
- 눈썹 : 굴참나무 나무재를 개어서 이용
- 백분 : 곡식 가루, 광물성 가루로 만듦

– 색조화장을 할 수 있는 연지와 미묵

- 연지 : 홍화 또는 잇꽃 식물을 이용
- 미묵 : 너도밤나무, 굴참나무의 재와 유연을 섞어 사용

(3) 고려시대

– 신분에 따라 이원화된 화장 기술

– 비분대화장 : 여염집 (엷은 화장)

– 분대화장 : 짙은 화장

– 연지는 사용하지 않음

– 가늘고 아름다운 눈썹

– 향 목욕 발달(난을 삶아 우린 물), 염색 성행

그림 3–2 진주의 미인산홍

그림 3–3 고려의 족집게

(4) 조선시대

유교적인 문화배경, 남성우월적 사회풍조 등으로 화장이 소박해짐

- 화장품 제조 기술 발달
- 규합총소 : 화장품, 향의 제조방법 수록
- 매분구 : 화장품 행상
- 보염서 : 궁중 화장품을 생산 · 전담하는 관청
- 담장 : 기초화장 위주, 엷은 색조
- 농장 : 담장보다 짙은 상태, 색채화장
- 염장 : 짙은 상태의 색채화장
- 응장 : 농장과 비슷, 혼례화장

2) 서양 메이크업의 역사

(1) 고대

① 이집트 시대(B.C.3200년경)

– 사회, 문화적 배경

- 고대 이집트 문명의 발원은 나일강 유역 특성이 크게 기인함
- 메소포타미아 문명과 함께 청동기 문명을 이룩함
- 고대 이집트 역사는 고왕국, 중왕국, 신왕국으로 이루어짐
  고왕국 : 파라오의 권력이 강해 거대한 피라미드가 세워진 시기, 오리엔트문명의 형성기
  중왕국 : 힉소스족의 침입으로 지배를 받게 됨
  신왕국 : 오리엔트 문명의 발전기에 해당, 이집트의 번영을 구가한 시기
- 파라오 : 신분 엄격
- 여성 중심 사회

– 메이크업

- 인류 화장의 기원
- 보호기능으로서 화장을 행함
- 헤나(라소니아의 잎과 뿌리 추출물) : 향수(16가지 성분), 매니큐어, 염색제로 사용
- 클레오파트라 : 피부관리, 메이크업, 모발관리, 향수, 액세서리
- 코울을 이용해 물고기 모양(풍요와 다산 상징)으로 검게 그림
- 아이섀도우 : 말라카이트, 공작석 가루(녹색)를 이용

그림 3-4 진주를 마신 클레오파트라

그림 3-5 투탕카멘의 가면

② 그리스 시대(B.C.3000 ~ B.C.400)

– 사회, 문화적 배경

- 도시국가 형성(폴리스)
- 남성 중심 사회
  건강한 육체 + 지적 아름다움 = 이상적 인간상

– 메이크업

- 종교의식에서 비롯하여 자연스러운 모습 그대로 미를 표현
- 색조화장 발달보다는 인체의 아름다움을 중요시함
- 입술 : 푸른 산화연으로 만든 루즈를 바름
- 특징 : 백연, 미간 좁은 일자 눈썹(안분 : 흰 납가루 또는 티몬가루 사용)
- 헬레니즘 사상
  – 남자 : 목욕 후 마사지를 즐기고 머릿기름과 향유을 바름
  – 여자 : 남편을 위함 밤 화장을 함
- 칼렌 : 임상생리학의 아버지로 최초로 약학과 본초학을 접목시켜 콜드크림을 만듬
  – 코스메티케 테크네 : 의학적인 학문의 화장술
  – 코모티케 테크네 : 과도한 장식적인 화장술

그림 3-6

③ 로마 시대(B.C.8세기 ~ 3세기)

– 사회, 문화적 배경

- 지중해 위치 : 국제적 문물 교류, 다양한 문화 번창
- 남녀평등 사회, 시민 문화 발달
- 그리스도교 : 유럽 문명의 정신적 질서 확립
- 로마법 사상 : 법과 권리 개념 체계화

– 메이크업

- 목욕 문화 발달, 공중목욕탕 번성
- 화장품과 화장술에 대한 연구 및 처방
- 지나친 백연 사용(흰피부 선호)
- 눈 : 안티몬이나 샤프란으로 검게 화장

그림 3-7

그림 3-8

(2) 중세(4세기 ~ 15세기)

① 비잔틴 시대

– 사회, 문화적 배경

- 기독교 금욕주의에 의해 화장 금지
- 문화 : 모자이크, 세밀화 대표적 양식

– 메이크업

- 십자군 전쟁으로 안티몬과 향유 유입
- 화장 금지(단, 처녀만 볼에 붉은색)
- 목욕 제한(체취 : 향수)

그림 3-9 데오도르 황후의 초상

② 로마네스크 시대(11세기~13세기)

– 사회, 문화적 배경

- 교회 권력 : 정신, 물질
- 로마네스크 양식 : 십자군 전쟁을 계기로 비잔틴 양식이 전개되어 교회, 수도원을 중심으로 새로운 양식의 예술
- 수공업 발달(수공업 조합–길드 형성)
- 화폐 경제 시작

– 메이크업

- 안티몬, 향유 등 여성들 사이에 아름답게 치장하는 것에 대한 관심이 다시 생겨남
- 십자군 전쟁 이후 동양 문물이 전해지고 의학과 과학의 발달로 화장품과 메이크업의 관심이 점차 되살아났다.

그림 3–10 부인의 초상

③ 고딕 시대(14세기~15세기)

– 사회, 문화적 배경

- 수직성 강조 : 첨형, 커다란 창문
- 직물공업 대규모 : 도매상(십자군 전쟁으로 인한 동양과의 접촉으로 아름답고 화려한 직물 수입, 직물공업 발전)

– 메이크업

- 혐오 풍조 + 이상적 아름다움
- 화장의 이중적 태도를 가지게 됨
- 인위적인 화장은 신의 모욕하는 속임수라 여겨짐
- 결혼 적령기 처녀들만 결점 커버용으로 화장을 함함
- 특징 : 흰피부, 넓은 이마, 눈썹(가늘고 갈색, 아치형), 입술, 뺨, 손톱(붉은색)

(3) 근세

① 르네상스 시대(16세기)

– 재생, 부활, 재탄생, 인체미 강조

– 사회, 문화적 배경

- 중세 그리스도교의 계율로 갇혀 있었던 인간성 부활의 의미
- 인본주의 사상, 균형과 조화 중시

– 메이크업

- 특징 : 창백한 피부, 흐린 눈썹, 볼과 입술(색조), 넓은 이마 강조 ▶ 엘리자베스여왕 화장법
- 향수 발달
- 자본주의가 출현하고 종교개혁이 이루어지면서 개인주의와 향락주의 만연 ▶ 화려한 의복과 화장

그림 3–11 엘리자베스 1세 여왕

② 바로크 시대(17세기)

– 사회, 문화적 배경

- 독일 종교 분쟁 : 유럽 전체로 전쟁 확대
- 계몽주의(사회적, 정치적 제한과 구속에서 벗어나고자 하는 운동) 영향 ▶ 형식, 사치 중요
- 찌그러진 진주를 일컫는 말
- 시대의 혼란으로부터 귀족들의 권위를 강조하기 위해 유동적, 남성적 감각과 더불어 기묘하고 이상한 이미지가 강조되어 붙여진 이름

– 메이크업

- 사치스런 화장술 유행
- 특징 : 포동포동, 붉은 연지
- 납 가루 사용 금지
- 패치(달, 초승달, 별, 마차와 말)
- 향수 발달

그림 3–12 바로크 퐁탕쥬 스타일

그림 3–13 바로크 헤어 스타일

③ 로코코 시대(18세기)

– 사회, 문화적 배경

- 감성적, 쾌락
- 사치, 낭비 : 여성 사치 극대화
- 새로운 양식 변화의 시기라는 뜻
- 루이 14세 사후(1715년)부터 프랑스 혁명(1789년)까지의 유럽 미술양식

– 메이크업

- 화장품 제조 더욱 발달, 화려, 무분별한 화장 극대화
- 두꺼운 화장(창백한 피부, 볼 화장, 진한 눈썹)

그림 3–14 퐁파두르 후작 부인

그림 3–15 헤어 스타일

그림 3–16 마리 앙투아네트

(4) 근대(19세기)

① 엠파이어 시대(1799~1814년)

– 사회, 문화적 배경

- 나폴레옹 1세 제정 시대
- 미국 독립전쟁을 지원하기 위한 군사비와 사치스러운 왕비 마리 앙투아네트로 인해 재정 궁핍

– 메이크업

- 자연스러운 메이크업
- 향수만 사용

② 로맨틱 시대(1814~1850년)

– 사회, 문화적 배경

- 귀족 중심 사회 재개
- 나폴레옹이 실각하여 추방
- 샤를10세

– 메이크업

- 두꺼운화장은 연극이나 무대로 한정됨
- 인위적인 화장품 자제 분위기 확산
- 1828년 프랑스 '겔랑' 오픈
- 빅토리아 여왕

그림 3-17 빅토리아 여왕

③ 크리놀린 시대(1850~1870년)

– 사회, 문화적 배경

- 나폴레옹 3세의 통치 시대

– 메이크업

- 창백한 메이크업, 볼은 붉게 표현
- 유제니 왕비

그림 3-18 유제니 왕비

④ 버슬스타일 시대(1870~1914년)

– 사회, 문화적 배경

- 부르주아 계급 지배

– 메이크업

- 붉은 볼연지 다시 유행
- 입술이 진해지기 시작
- 아이라인과 인조 속눈썹 등장

⑤ S-letter 시대

– 사회, 문화적 배경

- 벨에포크 시대
- 오트쿠튀르 컬렉션 반영

– 메이크업

- 화장품의 성분과 제조술의 발달
- 1882년 '겔랑'에서 파우더 출시
- 1897년 휴대용 파우더

3) 현대(1900년대~ 2000년대까지)

(1) 1900년대

① 사회, 문화적 배경

– 제1차 세계대전

– 아르누보 양식

– 과학, 기술 발전

② 메이크업

– 화장품 제조 발달, 비누 등장(피부) ▶ 크림, 로션류, 샴푸, 매니큐어

– 깨끗한 피부, 자연스런 화장 유행 ▶ 기초 화장품 인기(로션, 크림류)

– 러시아(디아길레프발레단) : 색채

– 특징 : 눈화장(길고 검게), 색(황색)

– 입술(분홍, 붉은색)

(2) 1910년대

① 사회, 문화적 배경

– 직업여성, 자유연애

② 메이크업

– 화장품 대량생산 합법화(액체 루즈, 파우더, 스틱형 립스틱)

– 미용 클리닉, 성형술 성행(주름 제거)

– 미용 간행물(미용, 의상)

– 그을린 피부

그림 3-19 테다바라

그림 3-20 폴라 네그리

(3) 1920년대

① 사회, 문화적 배경

- 아르데코 양식
- 물질 향락(과소비 시대, 거품 시대, 잃어버린 세대)
- 여성 해방운동 ▶ 사회 지위 향상, 경제력 독립
- 무성 ▶ 유성 영화 제작(재즈음악, 스윙댄스, 찰스턴댄스 등)

② 메이크업

- 플래퍼 등장 ▶ 베이비룩 화장 형태
- 색조가 매우 진했음(오리엔탈) : 가는 눈썹, 인조 속눈썹, 진한 입술
- 대중 영화 보급 ▶ 여배우 화장스타일 절대적 영향력(클라라 보우)
- 헬레나루빈 스타일(엘리자베스 아덴)

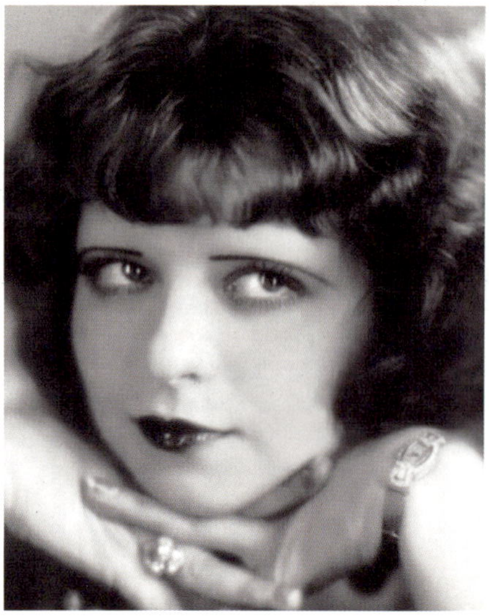

그림 3-21 클라라 보우

그림 3-22 글로리아 스완슨

(4) 1930년대

① 사회, 문화적 배경

- 경제 대공황 발생 ▶ 남 : 실업 장기화 / 여 : 가정으로
- 제2차 세계대전 ▶ 사회, 경제적 불황
- TV 등장, 할리우드 영화 전성기
- 복사기, 볼펜 발명
- 영국 BBC, 미국 NBC : 정규 TV방송 시작으로 영상의 시대

② 메이크업

- 아이섀도우, 루즈, 펜슬, 파우더 등 신제품의 개발과 보급이 활발
- 성숙, 세련, 신비로운 분위기의 화장법 유행
- 그레타 가르보, 진할로우, 조안 크로포드
- 맥스팩터(팬케이크) : 수정 메이크업, 입체 화장
- 매니큐어와 페디큐어 제품 도구 체계적 정립

그림 3-23 그레타 가르보

그림 3-24 진할로우

(5) 1940년대

① 사회, 문화적 배경

- 기능성 화장품의 개발과 성형술의 발전
- 컬러 필름의 등장
- 여성의 사회생활(1945년 3월 8일 "세계여성의 날")

② 메이크업

- 화장품 직접 제조(포도주, 꽃잎 재료)
- 팬케이크, 크림 블러셔 등장
- 섹시, 생동감(눈썹 : 두껍고 또렷한 곡선 / 마스카라, 인조눈썹, 립라인)
- 비비안리, 베로니카 레이크, 진티어니, 잉그리드 버그만
- 샤넬 NO.5

그림 3-25 리타 헤이워드

그림 3-26 잉그리드 버그만

(6) 1950년대

① 사회, 문화적 배경

- 컬러 영화, 대중음악, TV 등의 대중매체
- 경제 호황 ▶ 풍요의 시대, 대중소비 시대(네일숍, 잡지, 카메라 등)
- 바비인형 출현

② 메이크업

- 섹시, 생동감
- 오드리 햅번, 마릴린 먼로, 엘리자베스 테일러, 소피아로렌, 브리짓 바르도

그림 3-27 마릴린 먼로

그림 3-28 오드리 햅번

(7) 1960년대

① 사회, 문화적 배경

– 대중문화 시대(컬러TV, 영화, 잡지)

– 베이비붐 세대 : 소비 계층, 사회 주체

– 1969년 닐 암스트롱의 아폴로 11호

– 히피 문화 형성

– 팝아트

② 메이크업

– 다양한 미의 표출 수단

– 자연주의적 경향 : 새, 동물, 나비, 꽃 등

그림 3-29 트위기

그림 3-30 브리짓 바르도

(8) 1970년대

① 사회, 문화적 배경

- 인플레이션 현상 ▶ 경제 불황
- 펑크 문화 형성

② 메이크업

- 글래머러스룩 시작
- 복고풍 환타지 경향(풍부한 색조)
- 강한 섀도우(보라, 빨강, 흰색, 금색) ▶ 중반(부드러운 색상)
- 눈화장 : 아이홀, 블랙, 그레이, 스모키 유행
- 투명 립글로스 전성기

그림 3-31 펑크 스타일

그림 3-32 펑크 스타일

(9) 1980년대

① 사회, 문화적 배경

- 이란, 이라크 전쟁(오일 파동) ▶ 세계 경제 침체
- 1989년 독일의 통일, 동유럽 공산권 독립 ▶ 화해 무드
- 다양한 스포츠, 레저 활동
- 밤문화 ▶ 화려한 컬러 강세
- 쾌락주의 영향으로 관능적 스타일 선호

② 메이크업

- 성형외과, 피트니스센터
- 어두운 톤의 피부색 유행, 화려하고 다양한 컬러 ▶ 내추럴(자연주의 열풍)
- 브룩 쉴즈, 마돈나, 소피마르소, 린다에반스

그림 3-33 마돈나

그림 3-34 브룩 쉴즈

(10) 1990년대

① 사회, 문화적 배경

- 포스트모더니즘 현상(복고풍, 에스닉)
- 다양한 문화 공존
- 개성 중시, 복고

② 메이크업

- 복고, 이국적, 민속적 감각 등장
- 내추럴한 메이크업
- 케라틴 제품 출시

그림 3-35 신디 크로퍼드

(11) 2000년대

① 사회, 문화적 배경

- 정보화, 세계화 시대
- 명품 대중화

② 메이크업

- 자연주의 트렌드 : 친환경적인 추출 제품
- 오가닉(Organic) 뷰티 제품 선호
- 레트로(Retro) 현상으로 새롭게 재해석
- 그루밍족(Grooming) 신조어 등장

그림 3-36 안젤리나 졸리

Chapter

4. 도구 및 재료

1) 브러시

- 전용 클리너로 세척한다.
- 종류 : 천연모, 인조모, 족제비털, 다람쥐털, 말털, 양털 등으로 제작한다.

[세척주기]

- 리퀴드 액상제형 : 유분이 있는 제형은 사용 후 바로 세척한다.
- 프레스트제형 : 평균 1주일에 한 번 세척한다.

(1) 사선 브러시

- 자연스러운 눈썹을 그리거나 채워 넣을 때 사용하는 브러시이다.
- 아이홀 패턴을 그릴 때 용이하다.

그림 4-1

그림 4-2

(2) 아이섀도우 브러시

- 아이 메이크업 시 섀도우를 펴 바를 때 사용한다.
- 1차 베이스 브러시 : 눈두덩이 전체를 넓게 펴 바를 때
- 2차 메인 브러시 : 메인 섀도우로 1/2 부분
- 3차 포인트 브러시 : 포인트 섀도우로 좀 더 디테일한 음영을 줄 때

그림 4-3

그림 4-4

(3) 아이라이너 브러시

- 끝이 뾰족하고 가느다란 브러시로 케이크 타입의 제형에 사용된다.

그림 4-5

그림 4-6

(4) 파운데이션 브러시

– 피부결 방향으로 브러시를 면과 선 부분을 적절하게 사용한다.
– 사용 후 반드시 클렌저로 세척한다.

그림 4-7

그림 4-8

(5) 컨실러 브러시

– 잡티와 결점을 커버하기 위해 컨실러를 바르는데 사용하는 브러시이다.
– 모의 끝이 둥글거나 뾰족한 형태가 있으므로 컨실러 제형에 따라 선택하여 사용한다.

그림 4-9

그림 4-10

(6) 치크 브러시

– 볼터치할 때 사용하는 브러시이다.
– 형태와 모가 다양함으로 타입별로 적절하게 선택하여 사용한다.

그림 4–11

그림 4–12

(7) 파우더 브러시

– 파우더를 적당량 묻힌 후 블렌딩하여 얼굴 전체를 가볍게 터치한다.
– 뭉침 없이 가볍게 펴 발라준다.

그림 4–13

그림 4–14

(8) 펜 브러시

– 부채꼴 모양으로 잔여물 제거 시 사용한다.
– 매우 납작하고 가느다란 모양이다.

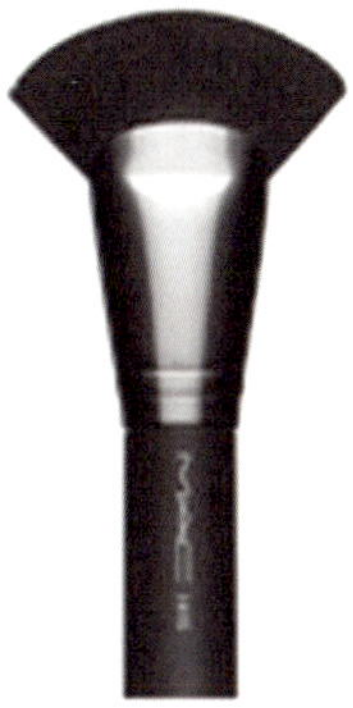

그림 4-15

그림 4-16

(9) 콤 브러시

– 눈썹을 브러싱하고, 모양을 잡아줄 때 사용한다.

그림 4-17

그림 4-18

(10) 스크루 브러시

- 눈썹을 깔끔하고 뚜렷한 윤곽으로 정돈한다.
- 마스카라가 뭉쳤을 때 사용한다.

그림 4-19

그림 4-20

(11) 립 브러쉬

- 립스틱을 묻혀서 입술에 바르는 가느다란 붓이다.
- 탄력감과 밀착력이 높은 가벼운 브러시를 선택한다.

그림 4-21

그림 4-22

(12) 뷰러

– 속눈썹의 컬을 줄 때 사용한다.
– 뿌리, 중간, 끝으로 나누어 적당한 압을 주며 사용한다.

그림 4-23

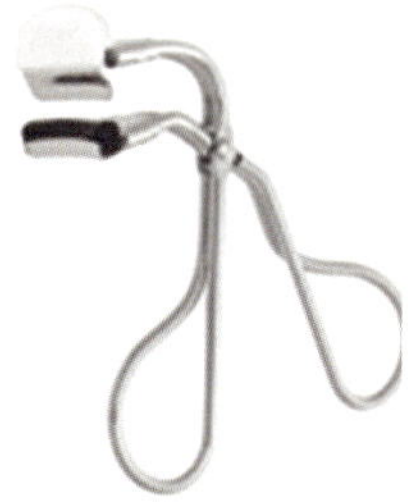

그림 4-24

(13) 스펀지

– 피부 표현을 위한 베이스류 제품을 펴 바를 때 사용한다.
– 컬러, 형태, 재질 등이 다양하여 부위별로 적합하게 사용 가능하다.

그림 4-25

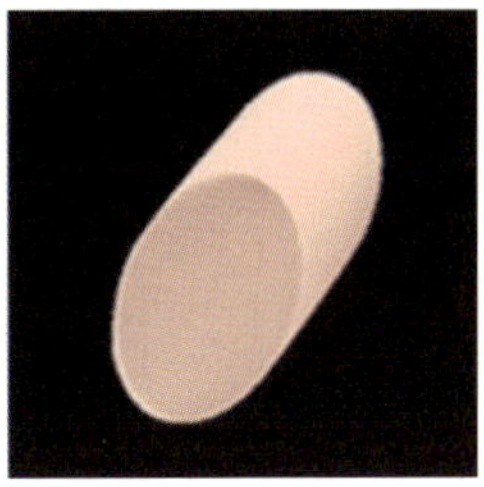

그림 4-26

(14) 퍼프

- 주로 파우더를 바를 때 사용한다.
- 종류와 재질이 다양하여 상황에 맞게 적절하게 사용된다.

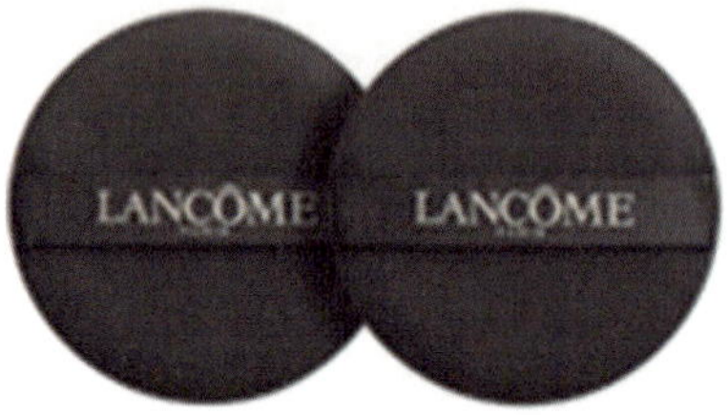

그림 4-27

그림 4-28

(15) 족집게

- 눈썹 제모나 속눈썹 부착 등 섬세한 작업이 필요할 때 사용한다.
- 사용 후 반드시 소독이 필요하다.

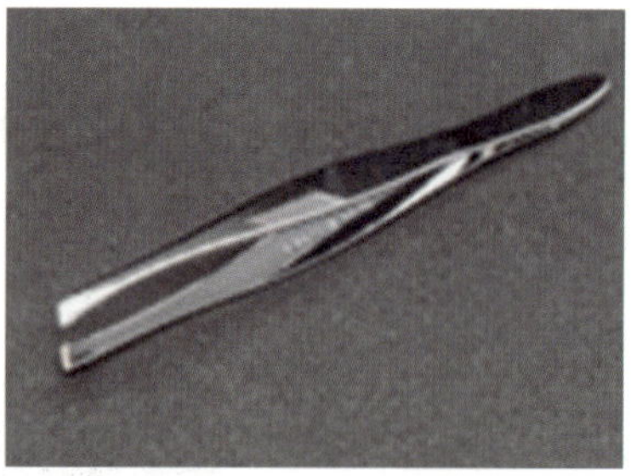

그림 4-29

(16) 눈썹 칼

- 눈썹의 모양을 정리할 때 사용한다.
- 종류와 형태가 다양하여 상황에 맞게 사용한다.

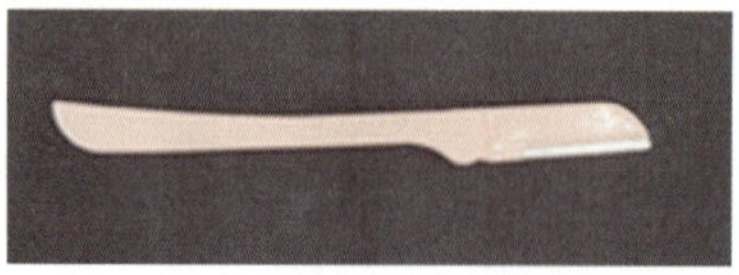

그림 4-30

(17) 눈썹 가위

- 눈썹의 길이와 숱을 정리할 때 사용한다.
- 1차 콤 브러시로 정리 후 눈썹 가위로 커팅한다.
- 피부가 다치지 않도록 주의하여 원하는 모양의 눈썹에 맞게 커팅한다.

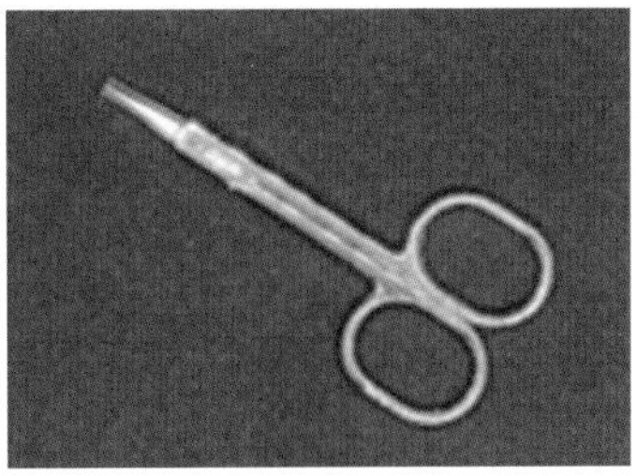

그림 4-31

(18) 펜슬깎기

- 펜슬 타입의 립, 아이브로우, 아이라이너를 깎는데 사용한다.

그림 4-32

(19) 스파츌라

- 크림 타입의 제형 제품을 덜어서 사용할 때 사용하면 위생적이다.

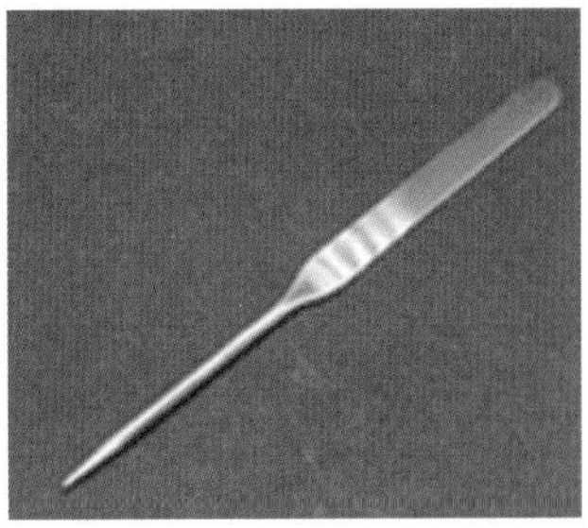

그림 4-33

(20) 속눈썹

- 메이크업의 마무리 단계로 화려하고 드라마틱하게 연출하고자 할 때 사용한다.
- 컬러와 디자인이 다양하여 상황에 따라 사용한다.

그림 4-34

그림 4-35

(21) 아이래쉬 접착제

- 투명과 블랙 색상 두 종류가 있다.
- 투명 : 쌍꺼풀 겸용으로 사용가능하다.
- 블랙 : 라텍스 유형으로 사용하기 편리하고 검정색 튜브타입이다.

그림 4-36

Chapter

5. 기초화장품

– 메이크업 기초화장품 사용은 고객의 얼굴 피부 상태 및 디자인에 따라 기초화장품을 선택하여 사용할 수 있는 능력이다.

[기초화장품 사용 순서]

클렌징제 → 스킨(토너) → 에멀전(로션) → 아이크림 → 세럼 → 영양크림 → 프라이머 → 썬크림 → 톤업크림 → 메이크업 픽서

→ 수분 함량이 가장 많은 것부터 순서대로 바른다.

[기초화장품 바르는 방향]

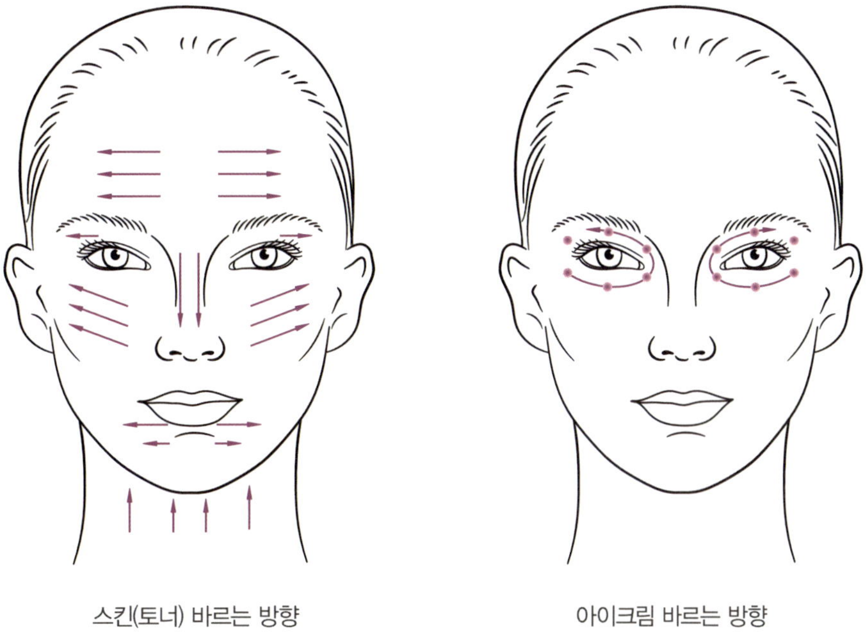

그림 5-1

1) 클렌징제

- 메이크업 잔여물과 대기 중 먼지, 피지, 땀 등의 오염물질을 제거해주고 피부청결과 혈액순환 촉진으로 다음 단계를 준비한다.
- 클렌징 크림 : 친유성 계면활성제, 유분이 많아 지성피부는 가급적 피한다.
- 클렌징 오일 : 친수성 계면활성제, 건성, 노화피부에 효과적이다.
- 클렌징 젤 : 지성, 예민, 여드름 피부에 적합하다.
- 비누 : 알칼리성, 과도한 피지 제거로 건조 현상이 일어날 수 있다.
- 클렌징 패드 : 사용이 간편하나 너무 자극적으로 압을 주어 클렌징하면 주름이 생길 수 있으므로 주의한다.

그림 5-2 키엘허벌-인퓨즈드미셀라 클렌징 워터

그림 5-3 바비브라운 수딩 클렌징 오일

2) 스킨(토너)

- 잔여물 제거로 청결작용을 한다.
- 보습 및 수분공급을 한다.
- 진정작용이 있다.
- 종류
  - 유연화장수 : 알코올 함량 10% 이내
  - 수렴화장수 : 알코올 함량 20% 이내

그림 5-4 이니스프리그린티 밸런싱 토너

그림 5-5 닥터지 레드 블레미쉬클리어 수딩 토너

3) 에멀전(로션)

- 피부결 정돈과 수분보충을 해준다.
- 유, 수분 밸런스를 조절한다.
- 피부의 항상성을 유지해 준다.
- 피부에 수분을 주어 피부 표면을 다듬는 화장수로 알코올 성분이 많다.

그림 5-6 맥 프로텍트 로션

그림 5-7 SK-II 페이셜 리프트 에멀전

4) 아이크림

- 눈가의 건조를 막기 위한 보습제이다.
- 눈가의 주름 예방을 위해 눈 주위에 영양 성분이 많이 함유된 크림이다.

그림 5-8
바비브라운엑스트라 피페어 아이크림

그림 5-9
랑콤 레네르지 탄력 리프팅 아이크림

5) 세럼

- 미백이나 주름개선, 보습, 여드름 진정 등 종류가 다양하고 수분이나 영양 공급에 목적이 있다.
- 제형별 : 스킨 타입, 유화 타입, 오일 타입, 젤 타입이 있다.
- 진정 세럼 : 여드름, 종기 따위의 피부 트러블이 생겼거나 햇볕에 그을렸을 때 피부를 가라앉히기 위해 바르는 액체 타입의 화장품이다.
- 링클 세럼 : 메이크업에서 주름이나 노화 방지를 위해 피부에 영양과 수분과 윤기를 공급하는 미용 농축액이다.
- 아이 세럼 : 눈가의 주름예방을 위해 눈 주위에 영양 성분이 많이 함유된 세럼이다.

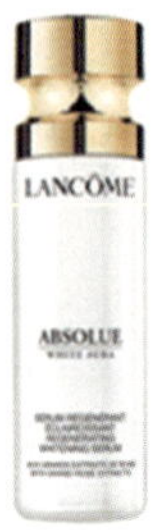

그림 5-10 랑콤 압솔뤼 화이트 아우라세럼

그림 5-11 토니모리 투엑스 비타민C 토닝 앰플

6) 영양크림

- 피부에 영양을 공급하기 위하여 바르는 크림이다.
- 유분, 수분, 보습, 유연, 탄력 기능이 있다.
- 유화형태의 제형이다.

그림 5-12 키엘 울트라 페이션 수분크림

그림 5-13 크리니크 핑크 수분크림

7) 립 앤 아이 리무버

- 립, 눈 화장 등 색조화장으로부터 착색을 예방하고 피부자극이 생기지 않도록 한다.
- 밀크 타입 : 크림 타입과 비슷하지만 수분이 더 많이 함유되어 제형 자체가 묽다.
- 클렌징 워터 타입 : 물 같은 제형의 클렌저로 오일 타입보다 세정력이 약하나 사용 후 끈적이거나 답답한 느낌이 없는 장점이 있다.
- 오일 타입 : 사용감이 자칫 무거울 수 있으나 진한 메이크업도 깔끔하게 세정되며 모공수축 효과도 있다.
- 클렌징 티슈 타입 : 오일 타입과 다르게 미끈거림이나 잔여감 없는 워터베이스로 클렌징 후에도 끈적임 없이 산뜻하다. 사용이 간편하다.

그림 5-14
티스 딥오프오일

그림 5-15
바이오더마센시비오

그림 5-16
메이크프렘 세이미
모이스처클렌징밀크

그림 5-17
아이얼 스트레스 릴리빙
자자극 클렌징 티슈

8) 프라이머

- 얼굴의 흉터, 모공, 주름 따위로 생긴 피부의 울퉁불퉁한 부분을 메워 피부결을 매끈하게 하기 위함이다.
- 화장이 고르게 발리고 지속력과 커버력을 유지해 준다.

그림 5-18 바비브라운 수분피팅 프라이머

그림 5-19 VDL 컬러코렉팅 프라이머

9) 썬크림

- 자외선으로부터 피부를 보호하기 위해 피부 위에 바르는 화장품을 말한다.
- 메이크업 베이스나 기타 베이스 화장품을 바르기 직전에 기초화장의 마지막 단계에 바른다.
- 자외선 차단을 효과적으로 하기 위해서는 외출 30분 전에 사용해 주는 것이 좋다.
- 자외선 차단 지수가 아무리 높더라도 완벽한 자외선 차단을 위해서는 2시간에 1번씩 덧발라 주는 것이 좋다.
- 귀가 후 세안을 할 때에는 클렌징 오일 혹은 클렌징 워터 등으로 1차 세안을 한 후 클렌징폼을 사용하여 2중 세안을 해야 한다.

(1) 썬크림 제형

- 크림 : 가장 보편적이고 흔하게 구할 수 있는 타입으로 유분이 많고 제형이 뻑뻑하다.
- 썬로션 : 크림보다 좀 더 묽은 제형이다.
- 썬밀크(썬플루이드) : 로션 타입보다 더 묽어 거의 물 느낌이며, 가볍게 발리는 편이다.
- 썬젤 : 약간의 점성이 있는 제형으로 젤 타입 수분크림과 비슷한 질감이다.
- 썬스프레이 : 사용이 편리하지만, 크림이나 로션류에 비하면 성능이나 지속력이 떨어진다.
- 썬스틱 : 양 조절이 필요 없이 얼굴 전체에 균일하게 발리며 사용이 매우 간편하다.
- 썬쿠션 : 에어쿠션 용기에 썬크림이 들어있는 형식으로, 퍼프로 두드려 발라주면 되고 수정 화장용으로 용이하다.

(2) 자외선 차단 지수 : SPF와 PA

- SPF(Sun Protection Factor)란 자외선 중 UVB를 차단해주는 정도를 나타내는 지수를 말한다.
- UVB를 쬐었을 때 가장 대표적으로 나타나는 증상은 피부에 홍반이 나타난다. 홍반이 나타나는 자외선의 양을 기준으로 자외선 차단 효과를 나타낸 지수가 SPF이다.
- PA(Protection Factor/Grade of UVA)란 자외선 중 UVA를 차단하는 정도를 나타내는 지표이다.
- '+'가 많을수록 차단 효과가 높다.
- 일상생활용으로 PA+ 정도면 충분하며, 레저 활동이나 강렬한 햇빛에 오랜 시간 노출될 경우 PA+++를 선택하는 것이 좋다.
- UVA : 365일 존재하는 자외선(태양빛)으로 인한 피부노화를 촉진시킨다.
- UVB : 봄과 여름에 존재하는 강력한 자외선으로 즉각적인 피부손상을 일으킨다.

그림 5-20
달바 워터풀 톤업 썬크림

그림 5-21
AHC내추럴 퍼펙션 더블 쉴드 썬스틱

그림 5-22
엘로엘 선쿠션 팡팡 빅 빅썬쿠션

10) 톤업크림

- 피부를 한톤 밝게 해주는 크림이다.
- 수분감과 함께 자연스러운 피부 톤을 정돈해준다.
- 얇고 자연스러운 생기와 광채를 부여한다.
- 메이크업베이스, 프라이머, 자외선 차단, 스킨케어까지 올인원 톤업크림도 인기이다.

그림 5-23 한율 흰감국 톤업크림

그림 5-24 샤넬 르 블랑 라 바즈-브라이트닝

11) 메이크업 픽서

- 땀이나 피지에도 화장이 번들거리거나 뭉치지 않도록 화장한 부위에 뿌리는 화장품이다.
- 메이크업의 고정과 밀착에 도움을 준다.
- 메이크업 전과 후에 사용하면 피지와 유분을 보완해 준다.

그림 5-25 쏘 내추럴 픽서

그림 5-26 어반디케어 올나이트 세팅 픽서

Chapter

6. 베이스메이크업

베이스메이크업은 피부 이미지 표현을 극대화하기 위하여 색조메이크업 전 단계로 메이크업베이스에서 파우더까지 실행할 수 있는 능력이다.

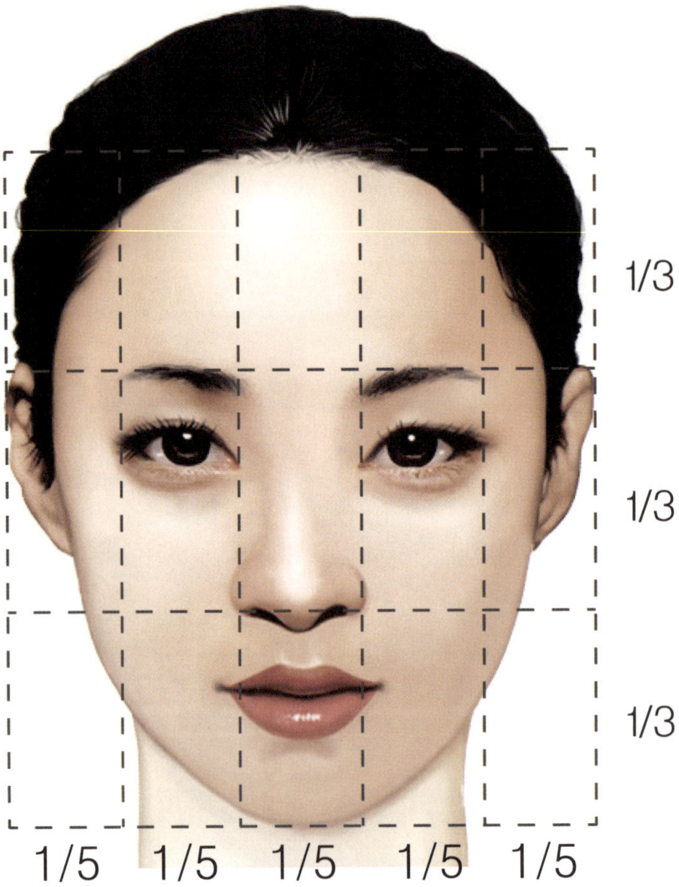

그림 6-1 얼굴 균형도

[이상적 얼굴형]

- 눈썹의 위치 : 이마에서 내려오는 1/3 지점
- 콧망울의 위치 : 눈썹에서 1/3 지점
- 입술의 위치 : 눈동자 안쪽에서 내려오는 선
- 눈의 머리 : 콧망울에서 일직선
- 눈썹 꼬리 : 콧망울에서 눈꼬리를 지나가는 45도 되는 지점
- 입술의 비율 : 1(위) : 1.5(아래)

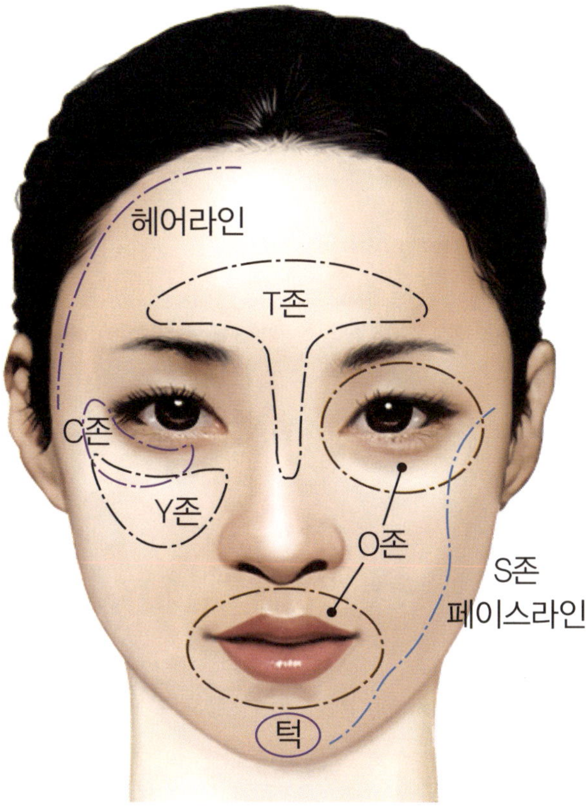

그림 6-2 얼굴 부위별 명칭

1) 얼굴 윤곽 수정

(1) 하이라이트

- 얼굴에 밝게 표현하여 입체감을 부여하고 윤곽을 살려주는 효과이다.
- T-zone, Y-zone, O-zone

(2) 쉐딩

- 얼굴에 음영을 주는 착시 효과로 축소감과 입체감을 나타낸다.
- Hair line, Face line

[분류]

- 크림 타입 : 손끝의 온도로 살짝 녹여 사용, 건조한 피부에 적합하다.
- 파우더 타입 : 가장 일반적으로 사용한다.
- 리퀴드 타입 : 베이스 제품들과 믹스해서 사용할 수 있는 게 장점, 건조한 피부에 적합하다.

(3) 얼굴형에 따른 하이라이트 & 쉐딩 위치

① 계란형

– 균형을 이루는 이상적인 얼굴형이다.

– 얼굴 윤곽 수정의 기준이 된다.

- 하이라이트

  T-zone, Y-zone, O-zone, C-zone 부분을 가볍게 쓸어주듯 터치한다.

- 쉐딩

  양쪽 이마, 양쪽 볼 밑 부분에 가볍게 음영을 넣는다.

② 둥근형

– 얼굴 전체의 길이가 짧고 헤어 라인과 턱 라인이 둥글다.

- 하이라이트

  콧등 부분은 길게 터치하고 C-zone 부분은 세로방향으로 터치한다.

- 쉐딩

  얼굴 외곽, 양볼, 턱선에 음영을 넣는다.

③ 긴형

– 얼굴 폭이 좁고 긴 열굴형이다.

- 하이라이트

  콧등을 제외한 이마, 눈 주변 위주, C-zone 부분을 가로방향으로 터치한다.

- 쉐딩

  헤어라인 양쪽 이마 끝 부분과 턱 끝 부분을 가로방향으로 터치한다.

④ 각진형

– 턱이 각진형으로 가로폭이 넓어 평면적으로 보인다.

- 하이라이트

  얼굴이 넓어 보이는 것은 보완하기 위해 얼굴의 중앙 부분으로 시선이 모여지게 하고, 눈 밑 부분은 사선으로 터치한다.

- 쉐딩

  헤어라인과 양쪽 턱의 각진 부분을 넓게 터치한다.

⑤ 역삼각형

– 이마가 넓고 턱이 뾰족한 얼굴형이다.

- 하이라이트

  이마와 콧대는 생략하고 미간은 가볍게, C–zone은 둥글게 터치하여 전체적으로 부드러운 인상으로 보이게 한다.

- 쉐딩

  헤어라인과 넓어 보이는 관자놀이, 뾰족한 턱 끝을 터치하여 전체적으로 둥근 인상으로 보이게 한다.

⑥ 마름모형

– 이마가 좁고 턱이 뾰족하며 광대뼈가 강조된 얼굴형이다.

- 하이라이트

  좁은 이마, 콧등, 뾰족한 턱 부분 위주로 터치하여 전체적으로 부드러운 인상으로 보이게 한다.

- 쉐딩

  양쪽 귀를 중심으로 관자놀이와 튀어나온 광대뼈 부분을 터치하여 얼굴의 선이 부드러워 보이게 한다.

그림 6–3 얼굴형에 따른 하이라이트 & 쉐딩 위치

2) 메이크업 베이스

- 기초화장이 끝난 후 메이크업을 하기 전에 피부 보정 등을 위해 바르는 화장품으로 메이크업의 가장 기초적인 단계로 파운데이션을 하기 전 단계이다.
- 안색 도모, 피부 톤과 결 정리, 파운데이션의 지속력 · 밀착감 · 퍼짐성을 높여준다.
- 모공 속으로 파운데이션이 들어가서 뭉치는 것을 방지한다.
- 피부 톤에 따라 색상을 선택한다.

(1) 색상별 선택

표 6-1

색상		기능
White		피부를 투명하고 밝게 표현, 주름진 피부의 명암
Pink		혈색이 없는 피부, 백인들의 피부에 적합
Orange		햇볕에 그을린 듯한 피부 표현, 어두운 피부에 적합
Violet		노르스름한 피부를 중화시켜 혈색을 밝게 표현, 칙칙한 피부, 동양인 피부에 적합
Green		모세혈관이 확장된 붉은 기가 있는 피부, 여드름 피부
Blue		기미, 주근깨 등 잡티가 많은 피부
Bronz		태닝 피부
Yellow		검거나 붉은 피부에 적합

(2) 분류

- 리퀴드 타입 : 중성이나 지성피부에 적합, 수분을 다량 함유하고 있다.
- 크림 타입 : 리퀴드보다 커버력이 강하다. 기미나 주근깨 등 잡티가 많은 피부에 적당하다.
- 젤 타입 : 땀이나 피지 분비가 많은 여름철에 사용한다.
- 에센스 타입 : 건조해지기 쉬운 피부에 보습성분을 부여한다.

3) 파운데이션

- 피부의 결점을 커버하는 역할을 한다.
- 자외선의 노출, 미세먼지, 온도 변화 등 외부 자극으로부터 피부를 보호한다.
- 얼굴이 골격이나 윤곽을 수정하여 입체감을 준다.
- 색조화장을 돋보이게 한다.

[파운데이션 선택법]

- 얼굴과 손등의 피부색이 다르므로 손등에 테스트하진 않는다.
- 얼굴과 가장 가까운 목과 턱선의 경계 부분에 색상을 테스트한다.
- 파우더 후 피부 톤이 반 톤 밝아지는 것을 고려하여 색상을 선택한다.
- 비슷한 톤을 선택하거나 반 톤 어두운 것을 선택한다.

(1) 분류

① 리퀴드

- 수분이 많고 커버력이 약하다.
- 여름철에 사용하며 지성피부에 적합하다.
- 자연스러운 메이크업이 가능하다.

그림 6-4 에스티로더 더블웨어 파운데이션

그림 6-5 맥 스튜디오 워터웨이트

② 크림

- 커버력이 좋아 쉽게 묻어나지 않는다.
- 중년 여성의 건성피부에 적합하다.
- 수분보다 유분감이 있어 쉽게 건조해지지 않는다.
- 발림성이 두꺼워서 모공, 요철, 잔주름에 끼임이 있을 수 있다.
- 오일이 함유되어 있어 건성 피부에 적합하다.

그림 6-6 VDL 수프림 크림 파운데이션

그림 6-7 로라메르시에 스무스 크림 파운데이션

③ 쿠션

- 수분 함량이 높고 덧발라도 뭉침이 적다.
- 휴대하기 편하여 스피드한 수정 메이크업이 가능하다.
- 기능이 다양하여 피부 타입에 따라 제품을 선택할 수 있다.
- 땀과 물에 지워지기 쉽고 잡티 커버력이 약하다.

그림 6-8 입생로랑 르 쿠션 올아워 엉크르 드 뽀

그림 6-9 랑콤 뗑 이돌 롱라스팅 쿠션

④ 스틱

– 지속력, 커버력 우수, TV, 영화, 광고, 무대분장에 사용한다.

– 유분과 수분을 혼합하여 고체화시킨 제형이다.

그림 6-10 메이크업포에버UHD스틱 파운데이션

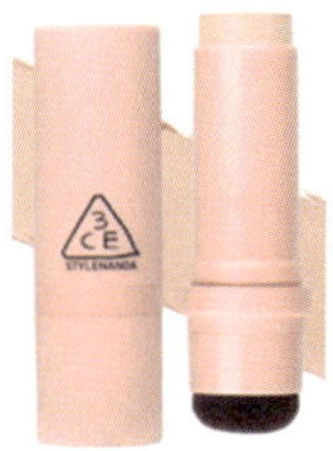
그림 6-11 3CE 레이어 커버링 스틱 파운데이션

(2) 바르는 방법

– 얼굴의 넓은 부위부터 시작하며 안쪽에서 바깥쪽으로 바른다.
– 패딩(Patting)과 슬라이딩(sliding)을 사용한다.
– 눈 주변은 피부결을 따라 얇게 바른다.
– 헤어 라인, 턱 주변 경계가 생기지 않게 남은 여분으로 정리한다.

(3) 기법

– 선긋기 기법(Lining) : 섀딩 파운데이션으로 코의 측면에 반듯한 선을 긋는 기법이다.
– 페더링 기법(Feathering) : 그려진 선을 브러시로 가볍게 털어서 베이스 색과 자연스럽게 혼합하여 펴주는 기법이다.
– 패딩 기법(Patting) : 손가락 끝으로 가볍게 두드리는 기법으로 양볼이나 얼굴의 넓은 면에 효과적이며 밀착력을 높일 수 있다.
– 슬라이딩 기법(Sliding) : 파운데이션을 얼굴 전체에 펴 바르는 기법이다.
– 블랜딩 기법(Blending) : 여러 가지 파운데이션 색을 사용하였을 때 서로 경계가 생기지 않도록 혼합하듯이 연결시키는 기법이다.

4) 컨실러

- 잡티를 가려주어 깨끗하고 매끈한 피부로 표현해 준다.
- 소량으로 여드름 자국, 다크 서클, 기미, 주근깨 등 피부의 결점을 커버한다.
- 양 조절에 실패하거나 색상 선택을 잘못 할 경우 커버가 약할 수 있다.

(1) 분류

① 스틱 컨실러

- 매트하고 뻑뻑한 질감이 특징이며 커버력은 우수하나 얇게 펴 바르기가 어렵다.

② 펜슬 컨실러

- 사용이 간편하고 휴대하기 좋으며, 작고 세밀한 잡티 및 트러블을 커버하기 좋다.

③ 케이크 컨실러

- 커버력이 우수하며 매트한 질감으로 지성피부에 적합하다.

④ 크림 컨실러

- 커버력이 우수하며 전용 브러쉬에 묻혀 사용하거나 손끝으로 톡톡 두드려 바른다.

⑤ 리퀴드 컨실러

- 무난하게 사용할 수 있으며 얇고 자연스럽게 표현된다.

그림 6-12 스틱타입
루나 퍼펙팅 스틱 컨실러

그림 6-13 케이크타입
에뛰드 하우스
빅커버 팟 컨실러

그림 6-14 리퀴드타입
바비브라운
인텐시브 스킨 세럼 컨실러

그림 6-15 펜슬타입
맥 스튜디오
크로마그래픽 펜슬

5) 파우더

- 유분기를 제거하여 피부의 번들거림이나 피지를 흡수한다.
- 피부색을 화사하게 표현해준다.
- 파운데이션의 지속성을 유지한다.

(1) 분류

- 압축(프레스트) 파우더 : 콤팩트 용기에 들어 있어 편리하게 사용한다.
- 루스 파우더 : 가루 날림이 있으나 가장 내추럴하게 피부를 표현한다.
- 하이라이트 파우더 : 메이크업 마무리 단계에서 사용한다.
- 쉐딩 파우더 : 윤곽정리 시 다크 브라운 컬러로 음영감을 부여한다.
- 펄 파우더 : 미세한 펄이 들어가 있는 파우더로 포인트를 줄 때 소량 사용하거나 루스 파우더와 섞어 사용된다.

그림 6-16 루스 파우더
바비브라운 쉬어 피니쉬 루즈 파우더

그림 6-17 압축 파우더
헤라 HD퍼팩트 파우더 팩트

Chapter

7. 색조메이크업

1) 아이브로우

- 얼굴의 전체적인 인상을 결정한다.
- 얼굴형이나 눈매를 보완한다.
- 눈썹은 형태, 길이, 굵기, 색상 등에 따라서 이미지를 좌우한다.
- 얼굴형, 눈매 등을 보완할 수 있다.
- 눈썹머리(A), 눈썹 산(B), 눈썹꼬리로 구성되어 있다.

(1) 눈썹의 기본형태

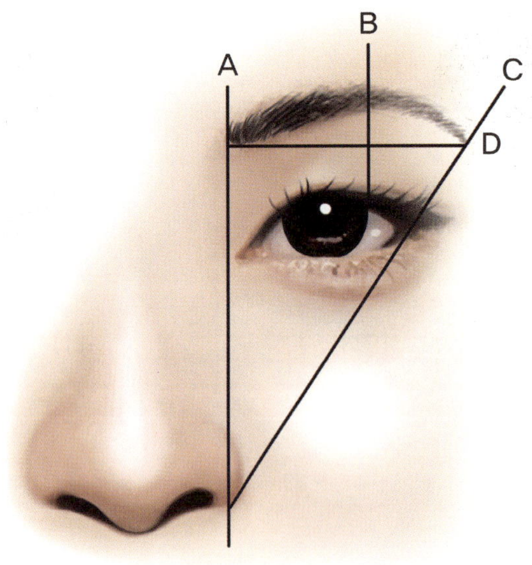

그림 7-1

A. 눈썹 앞머리 : 콧방울부터 수직으로 올라간 지점
B. 눈썹산 : 눈썹 앞머리부터 눈썹 길이의 2/3 지점
C. 눈썹꼬리 : 콧방울과 눈꼬리를 45도로 연결한 연장선상 지점
D. 눈썹꼬리는 눈썹 앞머리보다 내려가지 않게 연출

- A와 C의 각도는 45도
- 눈썹의 전체 길이는 눈의 길이보다 짧지 않게 연출

(2) 눈썹 형태

표 7-1

형태	이미지	효과
각진형(High arch)		단정하고 세련미, 얼굴 길이가 짧고 둥근 얼굴에 적합
아치형(Curved)		우아하고 여성적, 넓은 얼굴형에 적합
상승형(Upward)		활동적이고 개성미, 둥근얼굴에 적합
일자형(Straight)		젊고 활동적, 긴 얼굴형이나 폭이 좁은 얼굴에 적합
표준형(S shape)		기본적인 눈썹형으로 누구에게나 적합

[눈썹 형태별 연습]

① 각진형(High arch)

② 아치형(Curved)

[눈썹 형태별 연습]

③ 상승형(Upward)

④ 일자형(Straight)

[눈썹 형태별 연습]

⑤ 표준형(S shape)

(3) 얼굴형별 눈썹

표 7–2

둥근형 얼굴
: 각진형 눈썹이 적합하다.

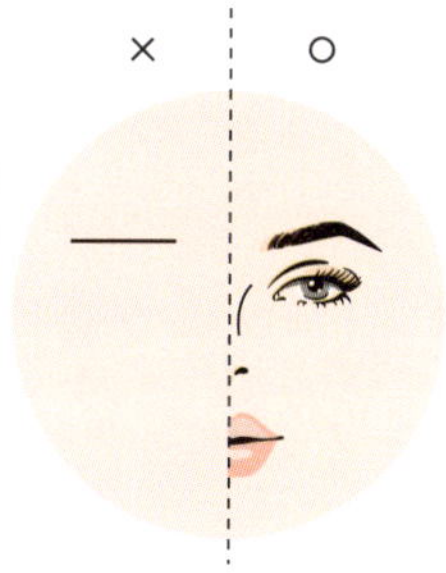

긴형 얼굴
: 일자형 눈썹이 적합하다.

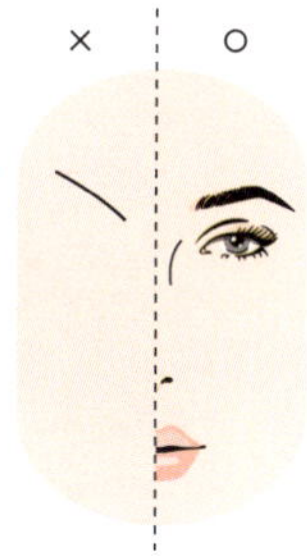

역삼각형 얼굴
: 표준형 눈썹이 적합하다.

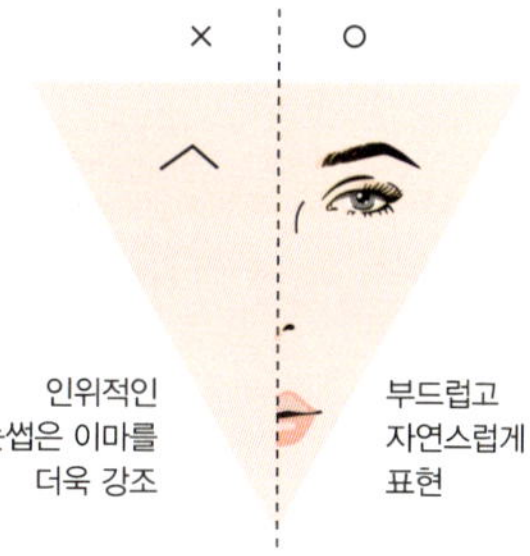

삼각형 얼굴
: 세미아치형 눈썹이 적합하다.

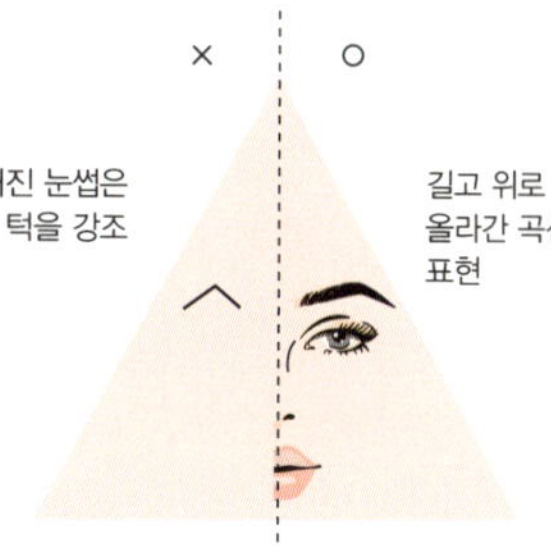

마름모형 얼굴
: 아치형 눈썹이 적합하다.

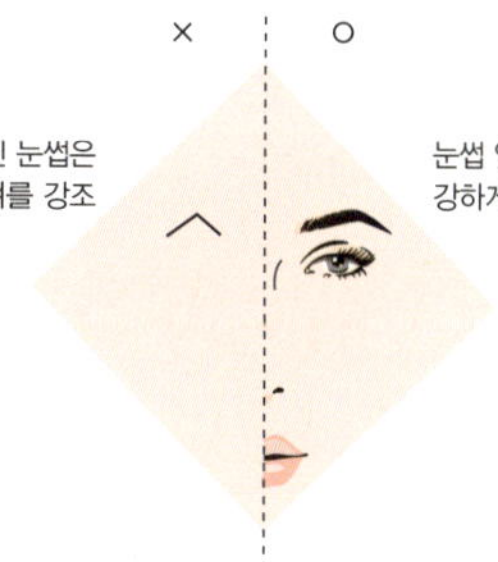

Chapter

8. 아이메이크업

- 눈매 수정의 효과를 준다.
- 다양한 이미지와 개성을 표현한다.
- 헤어컬러, 의상과의 조화가 중요하다.
- 음영 효과로 입체감과 분위기를 연출한다.

1) 명칭

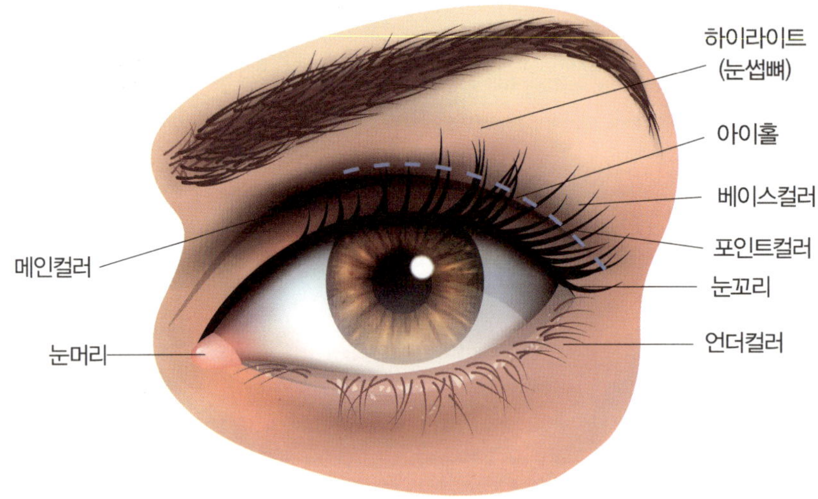

그림 8-1

(1) 베이스 컬러(Base Color)

- 눈에 음영을 주기 위한 첫 번째 컬러로 눈두덩이를 전체적으로 펴 바른다.
- 유분기를 제거, 메인 컬러의 발색력을 높여준다.

(2) 메인 컬러(Main Color)

- 아이 메이크업의 분위기를 좌우하는 컬러로서 아이 홀까지 자연스럽게 펴 바른다.

(3) 포인트 컬러(Point Color)

- 눈매를 강조하기 위한 컬러로 쌍꺼풀 부위에 번지지 않게 펴 바른다.

(4) 언더 컬러(Under Color)

- 눈밑에 표현하며 메인 컬러 또는 포인트 컬러와 전체적인 조화를 이루게 한다.

2) 아이섀도우 종류

(1) 파우더 타입

- 장점 : 발색력이 좋고 화사함을 연출한다.
- 단점 : 가루 날림이 있어 피부에 묻지 않게 주의한다.

(2) 펜슬 타입

- 장점 : 발색력이 우수하고 사용하기 편리하다.
- 단점 : 유분감이 있어 지속력이 떨어지고 번짐이 있을 수 있다.

(3) 크림 타입

- 장점 : 부드러운 제형으로 브러쉬 없이 손으로 메이크업이 가능하다. 발색력이 우수하다.
- 단점 : 유분감이 있어 번짐이 있을 수 있고 쌍꺼풀 라인에 자국이 남을 수 있다.

(4) 케이크 타입

- 장점 : 가장 대중적인 타입으로 발색력이 좋다. 색상과 입자가 다양하고 컬러 조색이 가능하다.
- 단점 : 깨지는 현상이 일어나기도 한다.

(5) 리퀴드 타입

- 장점 : 발림성과 발색력이 좋고 포인트를 주기에 적합하다.
- 단점 : 많은 양이 묻어날 수 있으므로 적절한 양 조절이 필요하다.

그림 8-2 파우더 타입
메이크업 포에버
스타 릿 파우더

그림 8-3 케이크타입
맥 대즐섀도우

그림 8-4 크림 타입
맥 프로 롱웨어 페인트 팟

그림 8-5 스틱타입
샤넬 스틸로
옹브르 에 꽁뚜아

3) 아이섀도우 패턴 분류

표 8-1

프레임 기법	가로터치	
	세로터치	
홀기법	열린 홀	
	닫힌 홀	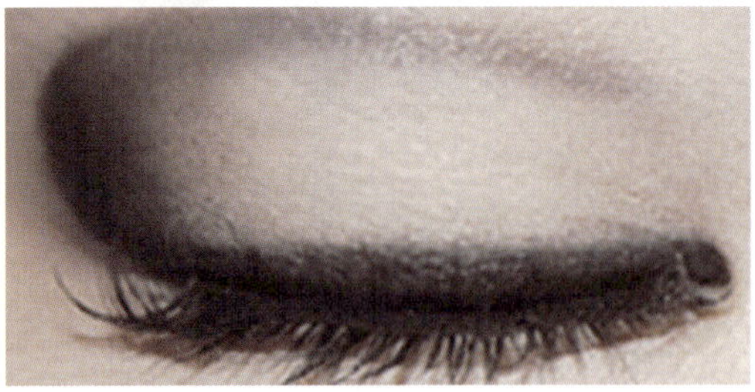

프레임기법(세로기법)

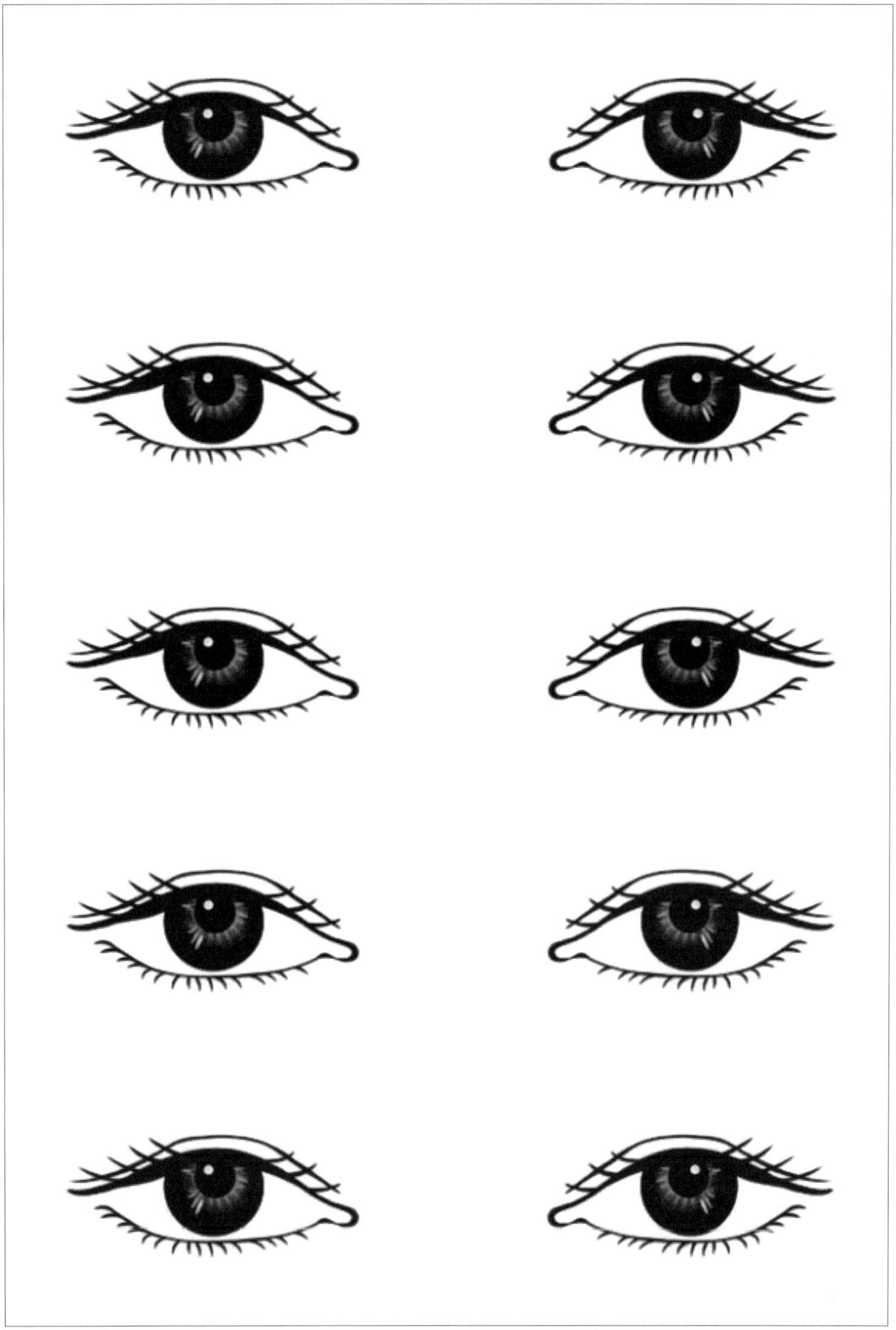

프레임기법(가로기법)

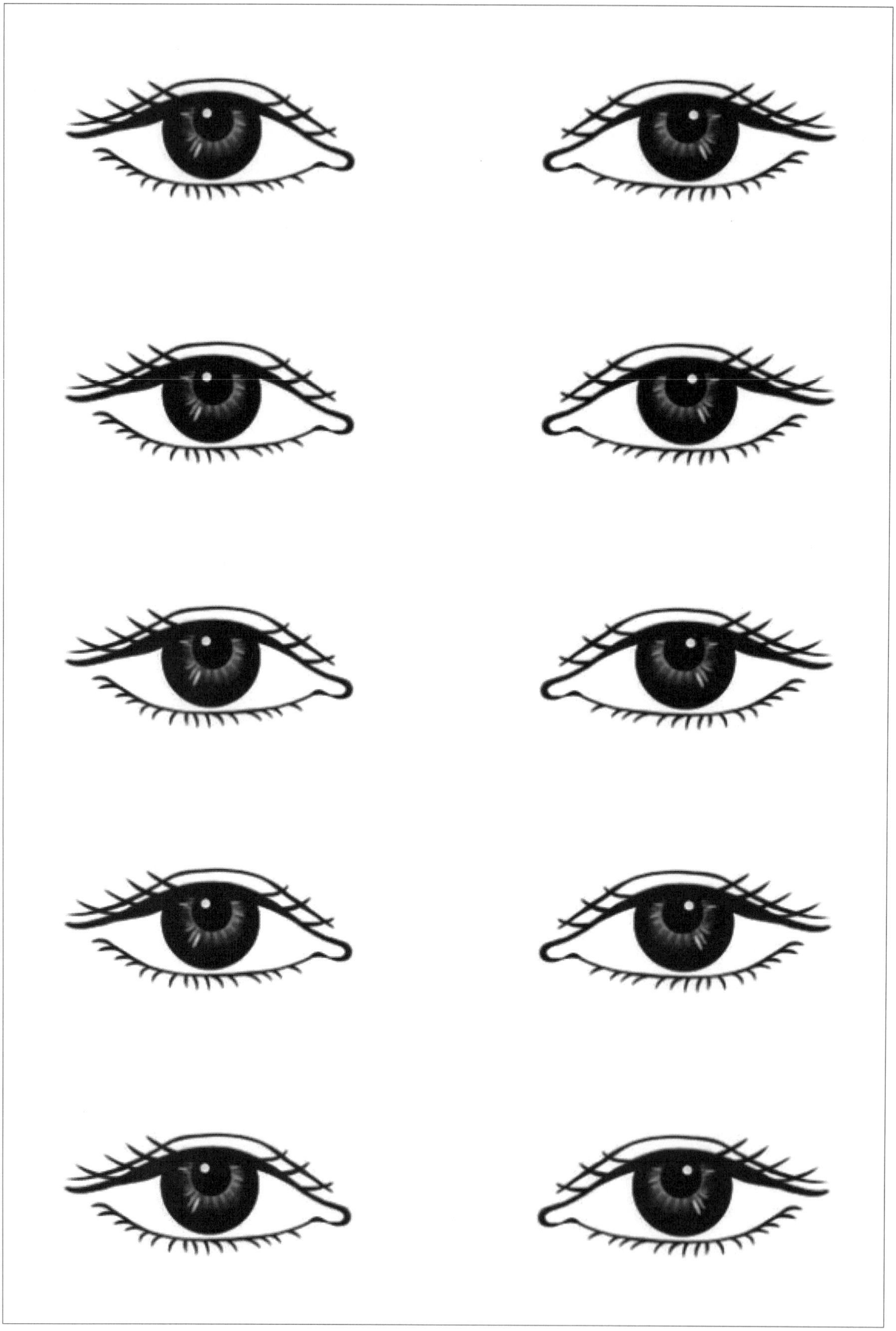

홀기법(열린홀)

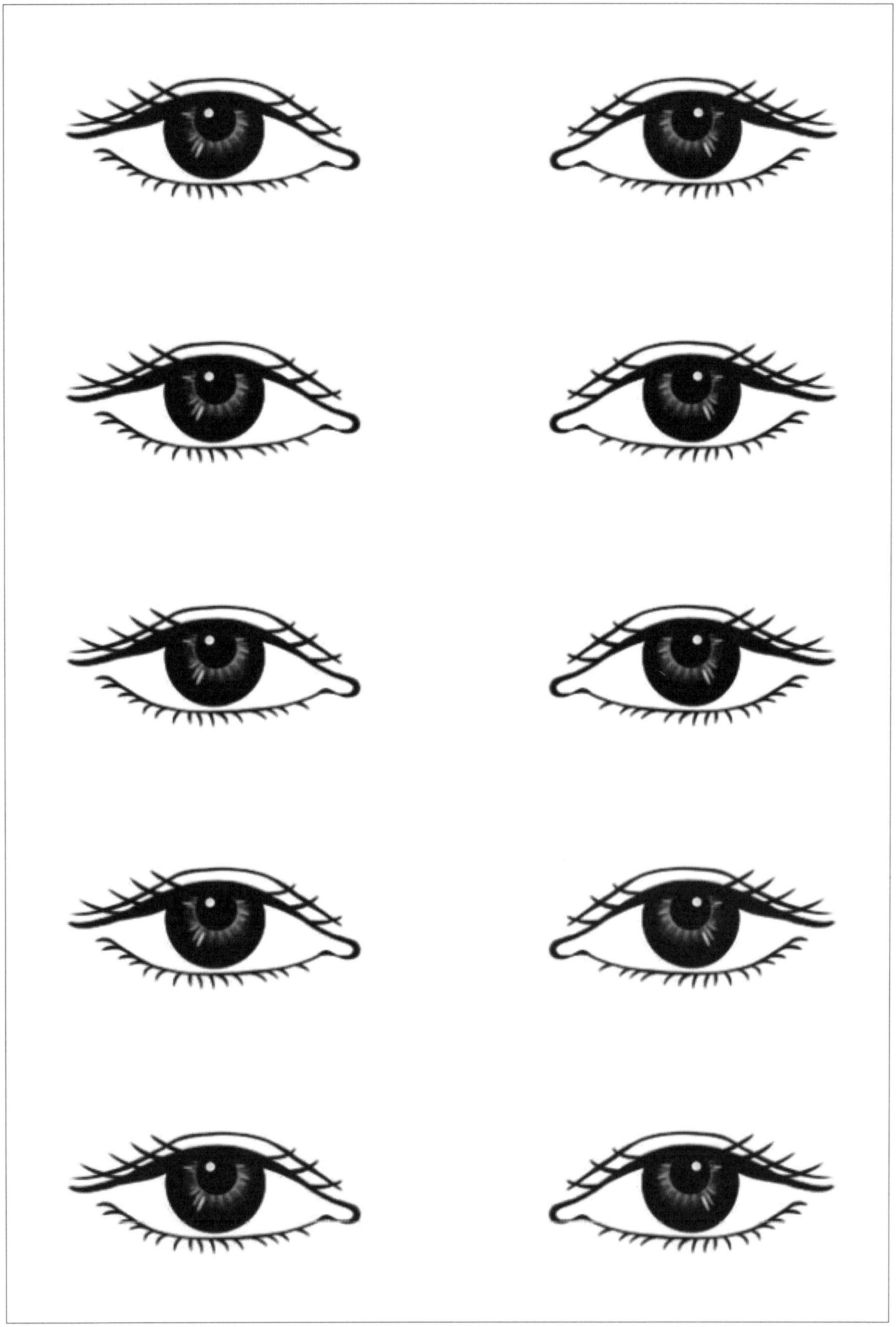

홀기법(닫힌홀)

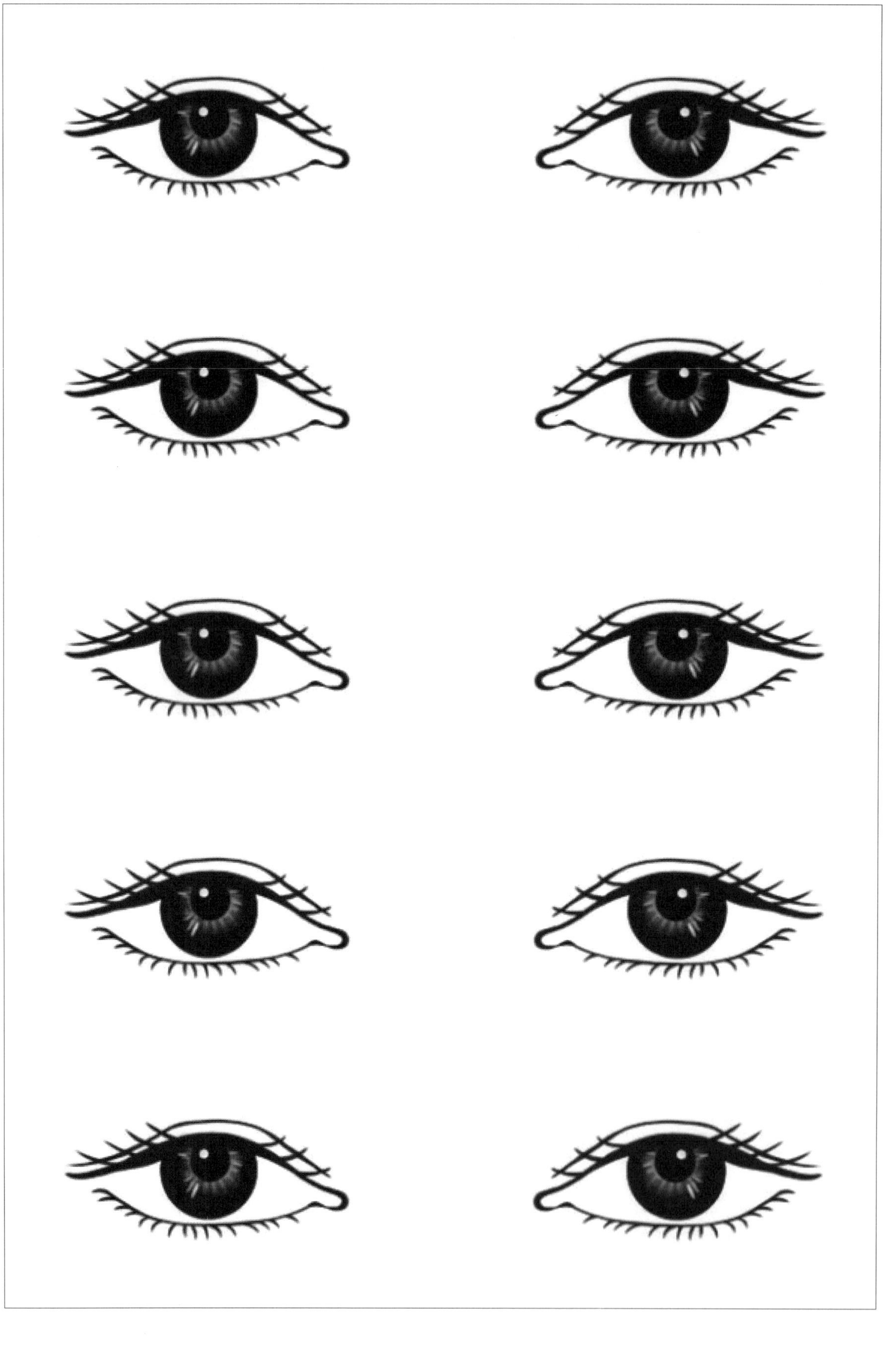

4) 눈 형태에 따른 아이섀도우

(1) 작은 눈 : 눈 길이가 길어 보이도록 눈꼬리쪽과 언더라인을 짙은색으로 길게 발라준다.

(2) 눈두덩이가 튀어나온 눈 : 짙은 섀도우를 눈앞머리에서 언더라인까지 이어주어 눈꺼풀을 커버한다. 펄이나 붉은 색상은 피한다.

(3) 눈두덩이가 들어간 눈 : 밝은 색상이나 광택이 있는 색상을 선택하고, 들어간 부분에는 밝은 색을 사용한다.

(3) 처진 눈 : 아이라이너를 본래의 눈꼬리를 넘어서 위로 향하게 한다. 언더라인도 위로 향하게 하며, 아래 위 라인이 만나지 않게 평행하게 그린다.

(4) 올라간 눈 : 눈앞머리와 눈꼬리 아랫부분에 섀도우로 포인트를 준다.

(5) 양미간이 좁은 눈 : 꼬리 쪽을 강조한다. 꼬리 부분에 짙은 색을 사용한다.

(6) 양미간이 넓은 눈 : 앞머리 쪽을 강조한다. 콧날을 높여주는 노우즈 섀도우를 눈앞머리에 강조한다.

9. 아이라이너

– 눈매를 선명하게 하고 눈의 모양을 수정하여 단점을 보완한다.

1) 아이라이너의 종류

(1) **펜슬** : 사용이 간편하고 수정이 용이하다. 자연스러운 표현이 가능하다. 지속력이 약하다.

(2) **리퀴드** : 번짐없이 지속력이 좋다. 광택감이 있다. 강하게 표현되고 수정이 다소 어렵다.

(3) **케이크** : 물이나 스킨을 섞어 사용한다. 광택감이 없다.

(4) **붓펜** : 사인펜과 같은 형태로 사용이 간편하다.

(5) **젤** : 크림 타입으로 브러시를 이용해 정교한 표현이 가능하다. 지속력이 높다.

그림 9–1 리퀴드 타입
입생로랑 꾸뛰르

그림 9–2 붓펜 타입
크리스찬디올
디올쇼 온 스테지

그림 9–3 펜슬 타입
에뛰드 프루프 10
젤 방수펜슬

그림 9–4 케이크 타입
크리오란

2) 아이라이너 그리기

– 모델의 시선은 아래를 향하거나 눈을 감도록 한다.
– 속눈썹 사이사이를 채워 점막이 보이지 않도록 한다.
– 눈 중앙에서 바깥쪽, 눈앞머리에서 중앙 쪽으로 그린다.
– 꼬리 부분으로 갈수록 가늘게 그린다.
– 꼬리 부분은 눈을 뜬 상태에서 이미지에 맞는 눈 모양을 잡아준다.

Chapter

10. 블러셔

- 귀밑에서 코끝을 지나는 선과 검은 눈동자 가운데에서 수직으로 내린 선이 만나는 부위에 표현한다.
- 경계지지 않게 그라데이션한다.
- 평면적인 얼굴에 음영을 주어 입체감을 부여한다.
- 혈색을 주어 생동감을 준다.
- 얼굴형에 대한 수정 효과를 준다.
- 수정할 경우 퍼프로 누르면 완화된다.

1) 명칭

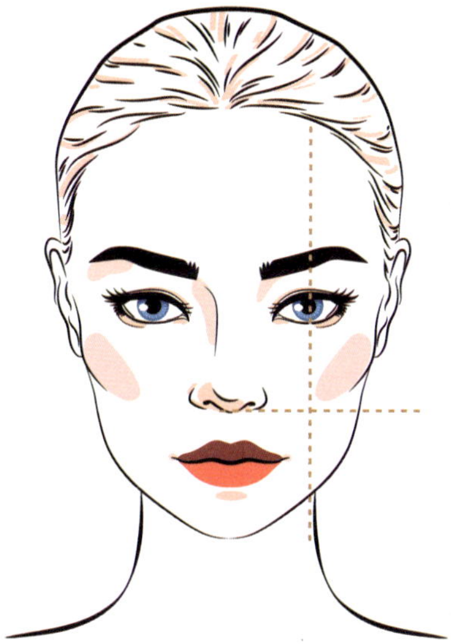

그림 10-1

2) 얼굴형에 따른 블러셔 위치

(1) 계란형

얼굴에 혈색을 줄 수 있도록 애플존을 중심으로 둥굴게 굴려주듯이 터치한다.

(애플존 : 미소를 지었을 때 볼록하게 올라오는 광대 중앙 부분)

(2) 긴형

귀 옆을 시작점으로 코끝을 향해 가로방향으로 쓸어주어 긴 얼굴형이 짧아 보이도록 터치한다.

(3) 역삼각형

광대뼈를 시작점으로 볼 중간 애플존 부분까지 둥글게 굴려주어 날카로워 보일 수 있는 인상을 부드럽게 보이도록 터치한다.

(4) 둥근형

관자놀이에서 코끝을 향해 사선으로 쓸어 내려주어 갸름하고 슬림한 얼굴로 보이도록 터치한다.

(5) 사각형

귀 옆을 시작점으로 코끝을 향해 사선으로 넓게 브러시를 굴려주어 크고 각져 보이는 얼굴이 작아 보이도록 터치한다.

표 10-1

얼굴형	이미지	방법
긴형		단정하고 세련미, 얼굴 길이가 짧고 둥근 얼굴에 적합
역삼각형		우아하고 여성적, 넓은 얼굴형에 적합
둥근형	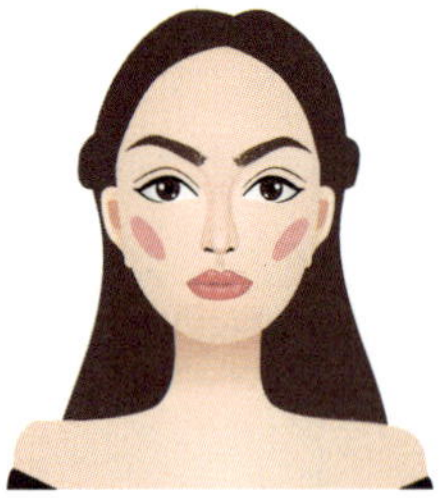	활동적이고 개성미, 둥근얼굴에 적합
사각형	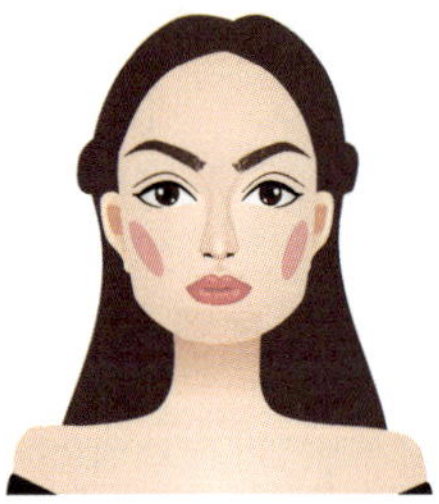	젊고 활동적, 긴 얼굴형이나 폭이 좁은 얼굴에 적합

3) 종류

(1) 크림 타입

- 피부 발색력과 발림성이 좋으며 자연스러운 피부 표현이 가능하다.
- 뭉침이 덜하고 밀착력이 우수하다.
- 파운데이션 후 손가락이나 퍼프를 사용하여 바른다.

(2) 케이크 타입

- 파우더 제형을 압축한 형태로 지성피부에 적당하다.
- 뭉침 없이 색상을 표현할 수 있다.
- 파우더 후 브러쉬에 묻혀 사용한다.

그림 10-2 크림 타입
에스쁘아 블러쉬 크림

그림 10-3 케이크 타입
바비브라운 블러쉬

Chapter

11. 입술

- 색상과 질감이 다양하여 새로운 이미지 연출이 가능하다.
- 건강한 혈색을 표현해준다.
- 입술의 모양과 형태를 보완하고 수정할 수 있다.
- 자외선과 외부 자극으로부터 입술을 보호할 수 있다.

1) 입술 명칭

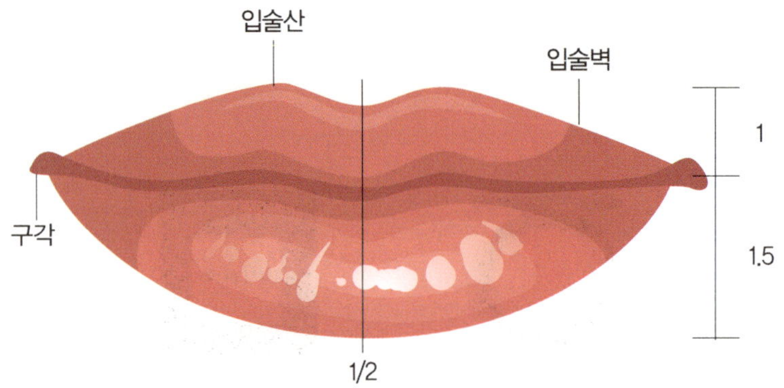

그림 11-1

2) 종류

(1) **인커브** : 입술선보다 안쪽으로 그린 형태

(2) **아웃커브** : 입술선보다 바깥쪽으로 오버해서 그린 형태

(3) **스트레이트**(직선형) : 입술선에서 구각까지 일직선으로 그린 형태

표 11-1

형태	이미지
 인커브	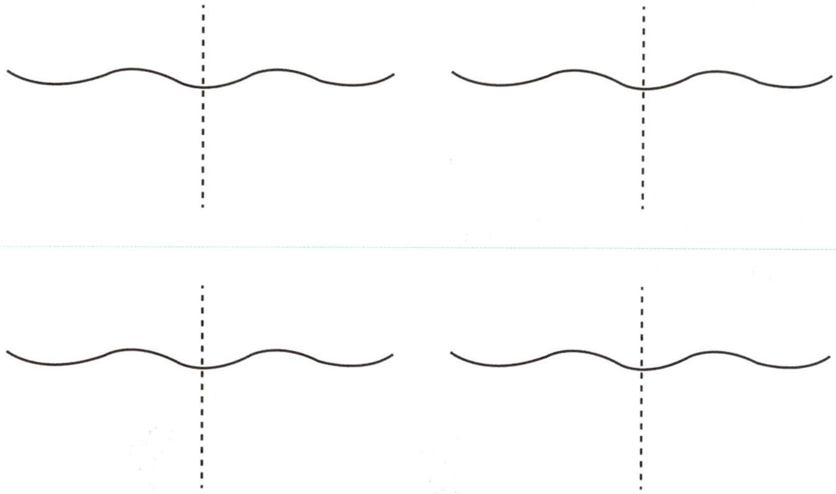
 아웃커브	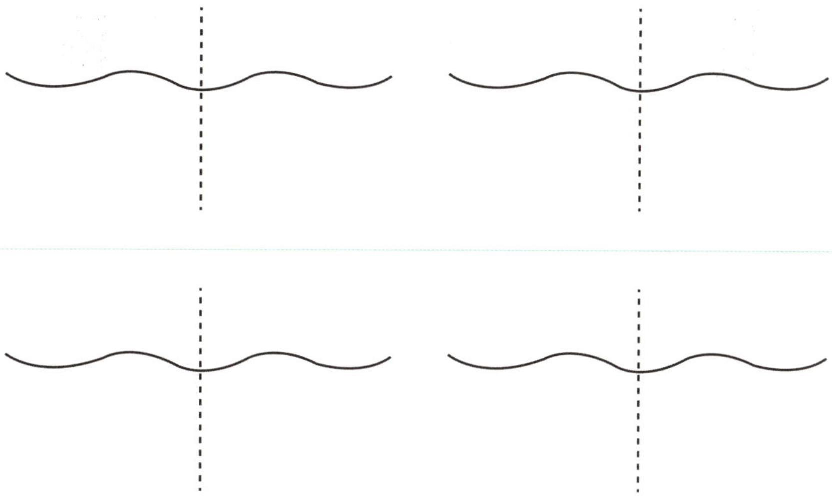
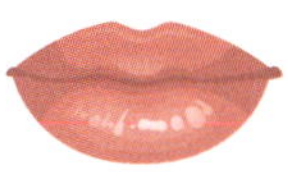 스트레이트	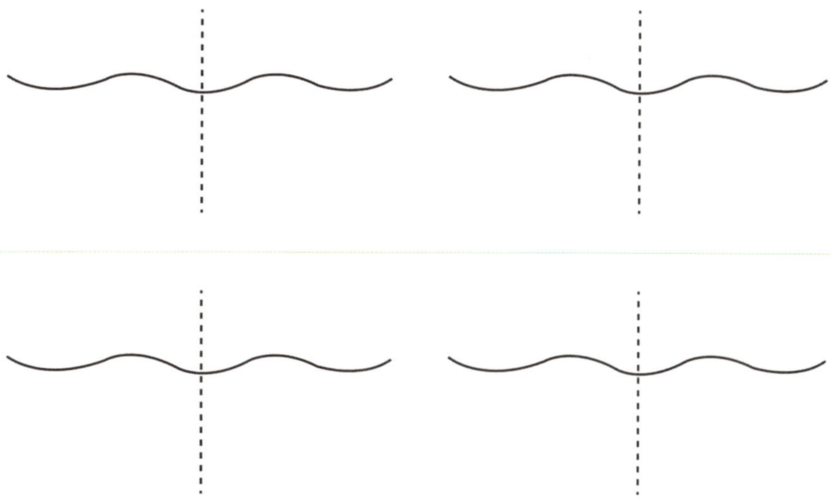

3) 색상이 주는 이미지

표 11-2

색상	이미지
	섹시하고 세련된 이미지
	귀엽고 여성스러운 이미지
	발랄하고 활동적인 이미지
	차분하고 성숙한 이미지

그림 11-2 립스틱
맥파우더 키스 립스틱

그림 11-3 립틴트
샤넬 루쥬 알뤼르 잉크 퓨전

그림 11-4 립글로스
미샤 펄 인 러브 글로스

그림 11-5 립펜슬
부르주아 벨벳 더펜슬

Chapter

12. 마스카라

– 속눈썹을 길고 진하며 풍성하게 표현해 준다.
– 눈매를 크고 또렷하게 보이도록 한다.

1) 종류

(1) 컬링 & 롱래쉬 마스카라

– 속눈썹 컬을 오랜 시간 유지시켜 주고 길어 보이게 하는 효과가 있다.
– 속눈썹이 짧고 처진 사람에게 효과적이다.

(2) 볼륨 마스카라

– 빈약한 속눈썹을 풍성하고 진해보이도록 하는 효과가 있다.
– 속눈썹 숱이 적은 사람에게 효과적이다.

(3) 워터프루프 마스카라

– 수분과 땀에 유지력이 강하며 눈가 번짐이 심한 사람에게 효과적이다.

(4) 컬러 마스카라

– 다양한 컬러감으로 개성 있는 속눈썹 연출에 효과적이다.
– 무대 메이크업, 광고 메이크업 등에 사용된다.

(5) 베이스 마스카라

– 속눈썹에 영양을 공급하고 볼륨감을 더해주며 마스카라의 지속력을 높여준다.

(6) 투명 마스카라

– 내추럴 메이크업이나 투명 메이크업에 많이 사용된다.
– 속눈썹 컬링과 아이브로우 결을 정리해 주는 용도로도 사용된다.

그림 12-1
컬러마스카라
디올 디올쇼
아이코닉 오버컬

그림 12-2
베이스 마스카라
로레알
볼류미너스 베이스

그림 12-3
컬링&롱래쉬
메이크업 포에버
스모키 스트레치

그림 12-4
볼륨마스카라
입생로랑
마스카라 볼륨
에페 포 실 더 컬러

그림 12-5
워터프루프 마스카라
랑콤
그랑디오즈
워터프루프

Chapter

13. 속눈썹

- 실제 속눈썹보다 길고 풍성하게 보이도록 해준다.
- 눈매의 깊이감을 더해준다.
- 눈매를 수정하고 보완하는 역할을 한다.

1) 종류

- 통 속눈썹 : 눈 길이에 맞춰 잘라서 사용할 수 있고 풍성한 속눈썹 연출이 가능하다.
- 낱개(가닥) 속눈썹 : 실제 속눈썹과 가장 비슷하게 연출되어 자연스럽다.
- 마그네틱 자석 속눈썹 : 접착제 없이 자석으로 붙이기 때문에 클렌징 시간을 단축하고 사용이 간편하다.

그림 13-1 통 속눈썹 x자형

그림 13-2 통 속눈썹 일자형

그림 13-3 낱개 속눈썹

그림 13-4 자석 속눈썹 톡톡래쉬

Part 2

메이크업 실기

K - BEAUTY MAKE UP

Chapter

1. 기초 메이크업

1) 내추럴(Natural) 메이크업

: 자연적, 천연적, 가공하지 않은 의미로 변형이나 과장되지 않은 편안한 메이크업

피부 표현	스킨으로 피부정돈 → 프라이머로 피부결 정돈 → 리퀴드 파운데이션 → 자연스러우면서도 건강함이 느껴지도록
눈썹	브라운 계열로 본래 형태에 맞도록 자연스럽게
눈화장	- 베이스 컬러 : 옅은 베이지 계열 - 포인트 컬러 : 인위적이지 않게 페일톤의 피치, 브라운 색상으로 프레임 기법 - 자연스러운 속눈썹
입술	피치 계열로 라인을 강조하지 않고 자연스럽게
볼터치	피치 계열로 건강미가 느껴지도록 자연스럽게 볼부분을 감싸듯이
색채	

피부 표현			
눈썹			
눈화장			
입술			
볼터치			
색채			

2) 계절 메이크업

(1) 봄 메이크업

: 화사하고, 생동감 있는 메이크업

피부 표현	스킨으로 피부정돈 → 프라이머로 피부결 정돈 → 리퀴드 파운데이션 → 따뜻하고 밝은 느낌으로 표현
눈썹	옐로우 계열이나 브라운 계열로 본래 형태에 맞도록 자연스럽게
눈화장	- 베이스 컬러 : 옅은 베이지 계열 - 포인트 컬러 : 오렌지, 그린 계열로 넓게 펴바는 프레임 기법 - 자연스러운 속눈썹
입술	피치 계열로 자연스럽게
볼터치	피치 계열로 건강미가 느껴지도록 자연스럽게 볼부분을 감싸듯이
색채	

피부 표현	
눈썹	
눈화장	
입술	
볼터치	
색채	

(2) 여름 메이크업

: 시원하고 청량한 메이크업

피부 표현	스킨으로 피부정돈 → 프라이머로 피부결 정돈 → 크림 파운데이션 → 쿨톤의 포인트 메이크업으로 산뜻한 이미지
눈썹	브라운 계열로 본래 형태에 맞도록 자연스럽게
눈화장	- 베이스 컬러 : 옅은 베이지 계열 - 포인트 컬러 : 여름의 컬러로 화이트, 블루 계열로 시원한 느낌 - 풍성한 속눈썹
입술	피치 계열로 라인을 강조하지 않고 자연스럽게
볼터치	핑크나 피치 계열로 건강미가 느껴지도록 자연스럽게 볼부분을 감싸듯이 넓게 터치
색채	

피부 표현	
눈썹	
눈화장	
입술	
볼터치	
색채	

(3) 가을 메이크업

: 세련되고 지적인 메이크업

피부 표현	스킨으로 피부정돈 → 프라이머로 피부결 정돈 → 크림 파운데이션 → 차분하고 무게감 있는 분위기의 음영 메이크업으로 표현
눈썹	브라운 계열로 본래 형태에 맞도록 자연스럽게
눈화장	- 베이스 컬러 : 옅은 베이지 계열 - 포인트 컬러 : 웜톤의 골드, 브라운, 카키 등 - 자연스러운 속눈썹
입술	브라운, 피치 계열로 라인을 강조하지 않고 자연스럽게
볼터치	브라운, 피치 계열로 건강미가 느껴지도록 자연스럽게 볼부분을 감싸듯이 넓게
색채	

피부 표현			
눈썹			
눈화장			
입술			
볼터치			
색채			

(4) 겨울 메이크업

: 깨끗하고 차가우며, 이지적인 메이크업

피부 표현	스킨으로 피부정돈 → 프라이머로 피부결 정돈 → 크림 파운데이션 → 차갑고 강렬한 느낌으로 표현
눈썹	회색이나 브라운 계열로 각진 일자 형태에 맞도록 자연스럽게
눈화장	- 베이스 컬러 : 옅은 베이지 계열 - 포인트 컬러 : 다크 브라운, 블랙, 실버, 그레이, 버건디 등 - 풍성한 속눈썹 - 아이라인 강조
입술	레드 계열로 선을 강조하여 강렬하게
볼터치	브라운 계열로 사선 터치
색채	

겨울 메이크업

피부 표현	
눈썹	
눈화장	
입술	
볼터치	
색채	

Chapter

2. 응용 메이크업

1) 로맨틱(Romantic) 메이크업

: 공상적, 소설적, 비현실적 의미로 여성스럽고, 귀엽고 사랑스런 소녀적인 메이크업

피부 표현	스킨으로 피부정돈 → 프라이머로 피부결 정돈 → 리퀴드 파운데이션 → 피치톤이나 핑크톤이 가미된 밝고 화사하게 표현(하이라이트&쉐딩)
눈썹	브라운이나 회색 계열로 본래 형태에 맞도록 자연스럽게
눈화장	- 베이스 컬러 : 옅은 베이지, 연한 핑크 계열 - 포인트 컬러 : 비비드한 핑크 계열, 펄 섀도우 - 검은색이나 브라운색으로 점막을 채워 아이라인을 그려주고, 꼬리 부분은 핑크색으로 연장하여 그려준다. - 풍성한 속눈썹
입술	핑크 계열로 글로시하게
볼터치	핑크 계열로 볼 중앙을 강조해 혈색있고 사랑스럽게 표현
색채	

피부 표현	
눈썹	
눈화장	
입술	
볼터치	
색채	

2) 엘레강스(Elegance) 메이크업

: 여성적인, 기품있는, 고급스러운, 감각적인, 멋진, 세련된, 우아하고 품위있는 메이크업

피부 표현	스킨으로 피부정돈 → 프라이머로 피부결 정돈 → 크림 파운데이션 → 본래 피부톤보다 한 톤 밝게 하여 화사하게(하이라이트&쉐딩)
눈썹	본래 피부톤보다 한톤 밝게 하여 화사하게
눈화장	- 베이스 컬러 : 옅은 베이지, 연한 퍼플 계열 - 포인트 컬러 : 퍼플, 와인, 로즈 브라운 계열로 그윽하고 눈매 - 풍성한 속눈썹
입술	와인 계열이나 누드 계열로 립라인을 또렷하게 그려 여성스럽게
볼터치	섀도우와 비슷한 계열로 광대뼈를 중심으로 사선형
색채	

피부 표현			
눈썹			
눈화장			
입술			
볼터치			
색채			

3) 모던(Modern)

: 하이테크적인 감각, 도시적인, 무거운, 남성적인, 기능적인, 서양적인, 차가운 메이크업

피부 표현	스킨으로 피부정돈 → 프라이머로 피부결 정돈 → 스틱 파운데이션 → 한톤 밝게 하여 결점 없는 완벽한 피부 표현(하이라이트&쉐딩)
눈썹	블랙 계열로 얇은 느낌의 직선형
눈화장	- 베이스 컬러 : 옅은 베이지, 회색 계열 - 포인트 컬러 : 회색 계열과 블랙 색상으로 펄감 있는 섀도우, 눈 위와 아래 아이라인 진하고 강하게 표현 - 풍성한 속눈썹
입술	와인 계열이나 누드 계열로 립라인을 또렷하게 그려 세련미 있게 표현
볼터치	브라운 톤으로 윤곽정리, 사선형
색채	

피부 표현	
눈썹	
눈화장	
입술	
볼터치	
색채	

4) 매니쉬 메이크업

: 남자와 같은 자립심이 강한 여성, 서구적 합리주의적인 메이크업

피부 표현	스킨으로 피부정돈 → 프라이머로 피부결 정돈 → 크림 파운데이션 → 본래 피부 톤보다 반 톤이나 한톤 어둡게 하고, 얇게 펴 발라 가볍고 건강미 있게 표현(하이라이트&쉐딩)
눈썹	블랙이나 다크브라운 계열로 두꺼운 각진형으로 표현
눈화장	- 베이스 컬러 : 옅은 베이지, 브라운 계열 - 포인트 컬러 : 카키, 브라운 계열의 섀도우와 아이라인으로 또렷한 눈매를 강조 - 자연스러운 속눈썹
입술	누드컬러나 버건디 계열로 강한 이미지 표현
볼터치	브라운 계열로 윤곽을 살려 사선형으로 표현
색채	

피부 표현	
눈썹	
눈화장	
입술	
볼터치	
색채	

5) 액티브(active) 메이크업

: 젊은, 유쾌한, 발랄한, 활동적인, 선명한, 돋보이는, 쾌활한, 율동적인 메이크업

피부 표현	스킨으로 피부정돈 → 프라이머로 피부결 정돈 → 크림 파운데이션 → 밝은 톤이나 자연스럽고 건강한 피부 표현(하이라이트&쉐딩)
눈썹	다크 브라운 계열로 세미아치형이나 표준형으로 결을 살려 표현
눈화장	- 베이스 컬러 : 옅은 베이지, 비비드한 그린, 옐로, 오렌지 계열 - 포인트 컬러 : 컬러플한 비비드톤이나 스트롱톤의 활동적인 이미지를 부각 - 풍성한 속눈썹
입술	스트레이트의 입술형태로 오렌지나 피치색으로 표현
볼터치	피치 계열이나 핑크 계열로 발랄한 이미지로 표현
색채	

피부 표현	
눈썹	
눈화장	
입술	
볼터치	
색채	

6) 에스닉(ethnic) 메이크업

: 토속, 소박, 민속적, 이국적, 자연 그대로의 메이크업

피부 표현	스킨으로 피부정돈 → 프라이머로 피부결 정돈 → 크림 파운데이션 → 다크 베이지색으로 그을린 듯한 피부 표현(하이라이트&쉐딩)
눈썹	브라운 계열, 블랙 계열의 얇은 일자형이나 아치형
눈화장	- 베이스 컬러 : 옅은 베이지, 블랙, 회색 계열 - 포인트 컬러 : 블랙 계열로 면을 강조하고 스모키하게 표현 - 자연스러운 속눈썹
입술	피치 계열
볼터치	음영을 강조한 붉은 계열의 사선 터치
색채	

피부 표현	
눈썹	
눈화장	
입술	
볼터치	
색채	

7) 클래식(Classic) 메이크업

: 전통적인, 시대를 초월한 보편성, 유행에 좌우되지 않는 메이크업

피부 표현	스킨으로 피부정돈 → 프라이머로 피부결 정돈 → 스틱 파운데이션 → 결점을 완벽 커버하여 입체감 부여(하이라이트&쉐딩)
눈썹	브라운 계열, 그레이 계열로 각진형이나 세미아치형
눈화장	- 베이스 컬러 : 옅은 베이지 계열 - 포인트 컬러 : 브라운 계열로 깊이감 있게 표현 - 풍성한 속눈썹
입술	브라운, 와인 계열로 성숙미 있게 표현
볼터치	브라운 계열의 사선터치
색채	

클래식(Classic) 메이크업

피부 표현	
눈썹	
눈화장	
입술	
볼터치	
색채	

8) 웨딩 메이크업

: 순결하고 깨끗한, 아름답고 화려한 메이크업

피부 표현	스킨으로 피부정돈 → 프라이머로 피부결 정돈 → 크림 파운데이션 → 결점을 커버하여 입체감 부여(하이라이트&쉐딩) → 펄 파우더
눈썹	브라운 계열 일자형이나 표준형으로 자연스럽게 연출
눈화장	- 베이스 컬러 : 옅은 베이지나 계열 - 포인트 컬러 : 펄이 가미된 핑크, 오렌지, 브라운 계열로 프레임 기법 - 자연스러운 속눈썹
입술	피치 계열, 연한 핑크
볼터치	피치 계열, 연한 핑크 볼을 감싸듯이 터치
색채	

웨딩 메이크업

피부 표현			
눈썹			
눈화장			
입술			
볼터치			
색채			

9) 광고 메이크업

: 광고의 목적, 해당 제품의 특성을 파악한 후 구매행동을 유발할 수 있는 메이크업

피부 표현	스킨으로 피부정돈 → 프라이머로 피부결 정돈 → 크림 파운데이션 → 결점을 커버하여 입체감 부여(하이라이트&쉐딩) → 파우더
눈썹	브라운 계열, 일자형으로 자연스럽게 표현
눈화장	- 베이스 컬러 : 옅은 베이지나 계열 - 포인트 컬러 : 연한 핑크색, 프레임 기법 - 자연스러운 속눈썹 - 립스틱 광고로 눈화장은 자연스럽게 표현
입술	진한 핑크 계열, 입술선 강조 * 립스틱 광고
볼터치	핑크 계열로 볼을 감싸듯이 터치
색채	

피부 표현			
눈썹			
눈화장			
입술			
볼터치			
색채			

10) 패션쇼 메이크업

: 패션쇼 유형과 디자이너에 따라 메이크업의 요소를 중심으로 한 다양한 메이크업

피부 표현	스킨으로 피부정돈 → 프라이머로 피부결 정돈 → 스틱 파운데이션 → 결점을 커버하여 입체감 부여(하이라이트&쉐딩) → 파우더로 매트한 피부 표현
눈썹	브라운 계열, 각진형으로 위로 갈수록 얇게 그려 인위적으로 표현
눈화장	- 베이스 컬러 : 옅은 베이지나 계열 - 포인트 컬러 : 오렌지, 블루 계열로 직선적 느낌 - 풍성하고 인위적인 속눈썹
입술	검붉은색, 입술선 강조
볼터치	연한 피치 계열로 볼을 감싸듯이 터치
색채	

피부 표현			
눈썹			
눈화장			
입술			
볼터치			
색채			

3. 시대 메이크업

1) 1910년대 메이크업

폴라 네그리

테다 바라

피부 표현	- 무성영화 시대 최고의 배우 '폴라 네그리'와 '테다 바라' 스킨으로 피부정돈 → 크림 파운데이션 → 결점을 완벽 커버하여 입체감 부여
눈썹	- 펜슬을 이용해 검은색으로 곡선이나 일자형 - 가늘고 길게 빼서 그리는 형태
눈화장	- 베이스 컬러 : 회색 - 포인트 컬러 : 블랙으로 면을 강조하는 눈가를 검고 진하게 표현하는 스모키 패턴(관능미 추구) * 검은색 마스카라를 발라 눈매를 신비롭고 그윽한 관능적 매력 발산 - 풍성한 속눈썹
입술	레드 계열, 가늘면서 입술산을 강조한 하트형 입술이 유행
볼터치	브라운 계열의 볼을 감싸듯 터치
색채	

피부 표현	
눈썹	
눈화장	
입술	
볼터치	
색채	

2) 1920년대 메이크업

클라라 보우

마를린 디트리히

피부 표현	스킨으로 피부정돈 → 스틱 파운데이션 → 결점을 완벽 커버하여 입체감 부여
눈썹	- 1910년대의 엉성한 화장이 다소 체계가 잡힌 모습으로 눈썹은 훨씬 더 얇고 정교하게 표현 - 펜슬을 이용해 검정색으로 가늘고 처진 형태(초생달처럼 굽은 눈썹)
눈화장	- 아이홀 기법, 면을 강조한 스모키 패턴 - 베이스 컬러 : 옅은 베이지 계열-> 회색 계열 - 포인트 컬러 : 검은색으로 깊이감 있고 넓게 펴 바른다. - 선명하고 풍성한 인조 속눈썹으로 과장된 눈매
입술	- 도톰하고 둥글게 표현, 가로 폭은 좁고 전체적으로 작은 입술 추구 - 버건디 컬러 * 볼에 찍은 애교점 선풍적 인기(글로리아 스완슨)
볼터치	브라운 계열의 사선터치
색채	

피부 표현	
눈썹	
눈화장	
입술	
볼터치	
색채	

3) 1930년대 메이크업

그레타 가르보

진 할로우

피부 표현	- 색조 화장은 이전 세대보다 자연스러운 스타일 추구 (전쟁 후 침체기를 맞이해 사회적 분위기와 더불어 얌전하면서도 요염한 스타일의 메이크업 선호) - 스킨으로 피부정돈 → 크림 파운데이션 → 결점을 완벽 커버하여 입체감 부여
눈썹	다크 브라운색, 얇으면서 일자나 곡선으로 옅게 아치 형태
눈화장	- 열린 아이홀 기법 - 눈뼈 부분의 하이라이트 강조 - 베이스 컬러 : 옅은 베이지 계열 - 포인트 컬러 : 브라운 계열로 깊이감 있게 표현 - 풍성한 속눈썹 - 아이라이너 길게
입술	인커브 형태, 레드 계열의 컬러로 입술을 강조
볼터치	브라운 계열의 사선터치
색채	

피부 표현	
눈썹	
눈화장	
입술	
볼터치	
색채	

4) 1940년대 메이크업

리타 헤이워드

잉글리드 버그만

피부 표현	- 분장처럼 인위적인 메이크업이 아닌 현대 메이크업의 초석을 다진 시기 - 스킨으로 피부정돈 → 크림 파운데이션 → 결점을 완벽 커버하여 입체감 부여
눈썹	자연스러운 곡선형(현대적 모습에 가까운 메이크업 트렌드 완성)
눈화장	- 베이스 컬러 : 옅은 베이지 계열 - 포인트 컬러 : 프레임 기법, 브라운 계열로 깊이감 있게 표현 * 눈꼬리 부분을 펜슬로 매혹적으로 치켜 올림(50년 넘게 지속적으로 유행했음) - 풍성한 속눈썹
입술	- 비비드한 레드색으로 글로시하게 표현 - 두툼하고 볼륨있는 관능적인 섹시함으로 표현
볼터치	브라운, 핑크 계열의 사선터치
색채	

피부 표현			
눈썹			
눈화장			
입술			
볼터치			
색채			

5) 1950년대 메이크업

마릴린 먼로

오드리 햅번

피부 표현	- 영화배우들이 메이크업을 주도하여 우아함과 세련된 스타일 추구 - 스킨으로 피부정돈 → 밝은 톤의 크림 파운데이션 → 결점을 완벽 커버 * 밝은 피부 표현이 가장 특징적
눈썹	브라운 계열, 각진 형태
눈화장	- 열린 아이홀 기법 - 베이스 컬러 : 옅은 베이지 계열 - 포인트 컬러 : 브라운 계열로 깊이감 있게 표현 - 길게 상승형으로 뺀 아이라이너 강조 - 눈 바깥쪽으로 길게 붙인 풍성한 속눈썹
입술	아웃커브, 와인 계열로 성숙미 있게 표현, 구각 옆 애교점
볼터치	핑크 계열의 사선터치
색채	

피부 표현	
눈썹	
눈화장	
입술	
볼터치	
색채	

6) 1960년대 메이크업

트위기

소피아 로렌

피부 표현	스킨으로 피부정돈 → 프라이머로 피부결 정돈 → 스틱 파운데이션 → 펄 파우더
눈썹	브라운 계열, 색상이 좀 더 옅어진 자연스런 형태
눈화장	- 베이스 컬러 : 옅은 베이지 계열 - 포인트 컬러 : 브라운 계열 - 풍성한 속눈썹으로 인위적인 느낌 - 쌍커풀 라인에 아이라이너를 그림 * 눈화장에 집중한 시기/ 스모키 메이크업의 정석을 만든 시기
입술	밝은 핑크색이나 오렌지 계열
볼터치	브라운 계열의 사선터치
색채	

피부 표현	
눈썹	
눈화장	
입술	
볼터치	
색채	

7) 1970년대 메이크업

파라 포셋

펑크 스타일

피부 표현	- 메이크업의 키워드는 내추럴 이미지 - 경제 불황으로 반사회적, 반항적 이미지인 펑크 스타일 공존 스킨으로 피부정돈 → 크림 파운데이션 → 파우더로 매트하게 표현
눈썹	브라운 계열, 색상이 좀 더 옅어진 자연스런 형태
눈화장	- 베이스 컬러 : 연한 베이지 - 포인트 컬러 : 브라운 계열 - 자연스러운 속눈썹
입술	연한 핑크나 오렌지 계열
볼터치	브라운 계열의 사선터치
색채	

피부 표현	
눈썹	
눈화장	
입술	
볼터치	
색채	

8) 1980년대 메이크업

소피마르소

브룩 쉴즈

피부 표현	- 색조보다는 피부에 더욱 관심을 쏟기 시작 - 스킨으로 피부정돈 → 리퀴드 파운데이션 → 파우더로 매트하게 표현
눈썹	브라운이나 회색 계열, 색상이 좀 더 옅어진 자연스런 형태
눈화장	- 베이스 컬러 : 옅은 베이지 계열 - 포인트 컬러 : 브라운 계열 * 에콜로지 영향으로 베이지색, 연갈색, 연핑크 등 부드러운 색상으로 내추럴 메이크업 강세
입술	밝은 핑크색이나 오렌지 계열
볼터치	오렌지 계열의 사선터치
색채	

피부 표현	
눈썹	
눈화장	
입술	
볼터치	
색채	

9) 1990년대 메이크업

줄리아 로버츠

맥 라이언

피부 표현	- 개성과 다양성 있는 메이크업 유행 - 메이크업 기술 고도화, 색채의 다양화 - 스킨으로 피부정돈 → 크림 파운데이션 → 파우더로 매트하게 표현
눈썹	자연스럽게 다듬어진 눈썹 형태
눈화장	- 베이스 컬러 : 옅은 베이지 계열 - 포인트 컬러 : 브라운, 오렌지 계열 - 펄이 들어간 섀도우 제품 유행 - 에콜로지 영향으로 원색보다는 그린이나 브라운 계열의 색이 꾸준한 인기
입술	립글로스 사용해 질감 표현
볼터치	브라운, 오렌지 계열로 애플존의 자연스럽게 표현
색채	

피부 표현	
눈썹	
눈화장	
입술	
볼터치	
색채	

10) 2000년대 메이크업

피부 표현	- 화장을 하지 않은 듯한 '민낯'이라는 단어 등장, 자연주의 유행, 웰빙 - 스킨으로 피부정돈 → 크림 파운데이션 → 파우더 * 자연스럽고 건강한 피부표현 * 색채보다는 질감을 중시함 / 도자기 같은 매끄러운 피부 표현 / 물광메이크업
눈썹	브라운, 회색 계열, 자연스러운 일자형 눈썹
눈화장	- 베이스컬러 : 옅은 베이지 계열 - 포인트 컬러 : 브라운, 오렌지, 핑크 계열 * 스모키 화장 유행 * 다양한 색조화장이 유행
입술	핑크색, 오렌지계열 유행
볼터치	브라운, 오렌지 계열로 애플존의 자연스럽게 표현
색채	

피부 표현	
눈썹	
눈화장	
입술	
볼터치	
색채	

참고문헌 / 참고사이트

네이버 지식백과

NCS 국가직무능력표준

안나현, 코디네이트 미학, 구민사, 2021

정원영. 메이크업 디자인, 경남문화. 2012

김진영. 바비브라운 메이크업 매뉴얼. 중앙M&B. 2008

박혜민. 포니의 메이크업. 경향PB. 2013

원윤희. 성형메이크업.마음상자.2012

이지영. 기본메이크업.청구문화사.2017

http://daegu.sbsbeautystyle.com/m/community/campus_comments.asp?act=view&id=26822&keyword=&field=1&page=1

https://blog.daum.net/ro72265/17063339

https://blog.naver.com/isabel0802/110187681830

https://blog.naver.com/jac8080/220904517537

https://blog.naver.com/jac8080/220904517537

https://blog.naver.com/jooayoungsla/30186721668

https://blog.naver.com/jooayoungsla/30186721668

https://blog.naver.com/jung91867/222746615926

https://blog.naver.com/luner303/220382302879

https://blog.naver.com/luner303/220382302879

https://blog.naver.com/onesally1/222056580657

https://blog.naver.com/sjmcos/220779536388

https://blog.naver.com/supergirl_88/221000542903

https://blog.naver.com/wg_429/222080333459

https://ko.wikipedia.org/wiki/%EA%B3%A0%EB%8C%80_%EC%9D%B4%EC%A7%91%ED%8A%B8%EC%9D%98_%EB%AF%B8%EC%88%A0#/media/%ED%8C%8C%EC%9D%BC:CairoEgMuseumTaaMaskMostlyPhotographed.jpg

https://ksisters553.cafe24.com/web/upload/mibbeum/p_logo2.png

https://m.blog.naver.com/babydoll03/50124881404

https://m.blog.naver.com/mjeilee/221534731129

https://m.blog.naver.com/PostView.naver?isHttpsRedirect=true&blogId=babydoll03&logNo=50125696388

https://makeupforyou.tistory.com/30

https://search.naver.com/search.naver?sm=tab_hty.top&where=image&query=%EB%B3%B4%ED%98%B8%EC%84%A4&oquery=%EC%9E%A5%EC%8B%9D%EC%84%A4&tqi=hW%2F5Lwp0J1ZssevsKNsssssstER-407267#imgId=image_sas%3Adic6596104_1370469666

https://search.naver.com/search.naver?where=image&sm=tab_jum&query=%EC%9E%A5%EC%8B%9D%EC%84%A4#imgId=image_sas%3Awebhttps%3A%2F%2Fwww.pinterest.com%2Fpin%2F221309769177933107%2F_1727396288

https://www.pinterest.co.kr/pin/596867756839101397/